Sylvia Brécko

DAS LETZTE KIND TRÄGT FELL

Das Buch zur Bühnenshow

Konrad-Zuse-Straße 3 • D-54552 Nerdlen/Daun
Telefon: +49 (0) 6592 957389-0
www.kynos-verlag.de

Titelbild: Mary Addari (Foto), Yvonne Voermans-Eiserfey (Grafik/Design)
Alle Grafiken: Leo Flemisch

Gedruckt in Lettland

ISBN 978-3-95464-260-1

Meinem Liebling

Inhalt

Einleitung: Die Welpen kommen!

24. Oktober 2019, 1:45 Uhr

„Nummer 6 ist da: Es ist ein Mädchen."

„Sowas Ähnliches haben die Zeitungen auch geschrieben, als Angela Merkel Kanzlerin wurde", denke ich kurz.
Gleichzeitig spüre ich, wie das Blut durch meinen ganzen Körper flitzt, mein Herz tausend klitzekleine Sprünge macht und gefühlt meine Mundwinkel den Augen einen Besuch abstatten wollen.
Natürlich habe ich in dieser so wichtigen Nacht noch keine einzige Sekunde geschlafen. Und jetzt, wo ich die WhatsApp lese, bin ich sicher: DAS ist bestimmt die kleine Komikerin, die sich beim Tierarzt versteckt hat!
Denn eigentlich waren drei Wochen vorher beim Ultraschall-Shooting nur fünf gezählt worden – also vom Tierarzt – ICH hatte nicht wirklich durchzählen können in diesem flimmern-

den, schwarz-weiß-grauen Wirrwarr. Aber mit Hilfe des Docs konnte ich das ein oder andere Herzchen bubbern sehen – was für ein Moment! So fühlt sich wohl jede werdende Mutter beim ersten Ultraschall.
Jedenfalls hatte uns der Doktor schon darauf hingewiesen, dass sich immer mal eine(r) nicht blicken lässt beim ersten Fototermin.
Nun waren es also vier Mädels und zwei Jungs, die „Weimaranerin Lola“ in diese Welt, deren Licht die Kleinen erst in etwa 14 Tagen erblicken würden, hatte purzeln lassen.

Ich schreibe kurz zurück: „👏👏👏👏👏👏 Na, dann hast Du ja jetzt einen ganz schönen Frauenhaushalt 😂.“

In dieser Minute trifft die nächste WhatsApp ein: „Ich haue ab… 🌴✈️ Nr. 7 ist da. Ein blauer Junge.“

Ich antworte mit „Wow“ und denke: „Arme Lola, wenn Du gewusst hättest, was Dich da erwartet, hättest Du Dir den Spaß mit dem Rüden gespart…“

Die beiden hatten sich, wie so viele Paare, im Netz gefunden. Na gut, ein wenig Hilfe und Unterstützung von Menschenhand war dabei nötig, schließlich galt es, einen ebenbürtigen Partner für Lola zu finden, denn der zukünftige Schwiegersohn sollte schon einige standesgemäße Qualitäten mitbringen: Aus gutem Hause musste er sein, von aristokratischer Höflichkeit. Wohlerzogen, nicht zuletzt durch den Besuch einer weiterführenden Hundeschule. Dazu markantes Gesicht, halt ein junger Intellektueller. Fündig geworden sind wir dann in Limburg. Dort residiert nämlich ein stattlicher, blauer Weimaraner-Rüde edelsten Geblüts mit dem staatstragenden Namen Balou.

Schnell wurde man sich über den Preis einig – ja, bei den Hunden ist es anders als bei den Menschen: Hier müssen die Mädels für Sex bezahlen.
Für Balou sprach auf jeden Fall, dass er schon vorher zwei Hundedamen glücklich gemacht hatte und so bereits 13 Mal Papa geworden war.

In der, wie wir glaubten, heißesten Zeit ihrer heißen Phase kutschierten wir Madame also nach Limburg und waren sehr gespannt, ob der Verkupplungsversuch wohl gelingen würde.
Balou war – wie wir es bei einem so schönen Weib natürlich nicht anders erwartet hatten – von der ersten Sekunde an Feuer und Flamme. Und auch Lola schien mit unserer Wahl zufrieden. Die Lady hatte offensichtlichen Spaß daran, ihren neun Monate jüngeren Lover zu verführen. (Wenn man das in Menschenjahre umrechnet, kann man Lola guten Gewissens als „Cougar“[1] bezeichnen.)
Es kam, wie es kommen musste: zum Äußersten.
Aber, wie wir einen Monat später beim Tierarzt erfuhren: Es war nichts draus geworden.
Lola hatte allerdings inzwischen das spezielle Futter für werdende Mütter sehr genossen.
Acht Monate später durfte sie ihren Lover wiedersehen – kostenlos, dank Flatrate.
Und in diesem zweiten Anlauf hatte es geklappt: Lola bekommt Lolos und Lolitas!

Wie gerne wäre ich bei der Geburt dabei gewesen. Aber leider hat sich Lola dafür gerade eine Nacht ausgesucht, in der ich auf Tour bin und nun schlaflos im Hotelbett liege.

1 Eine Frau, die eine Vorliebe für jüngere Männer hat.

Nach vier Minuten kontrolliere ich, ob ich mein Handy nicht versehentlich auf stumm gestellt habe. Nein, alles funktioniert. Na, das war es dann wohl wirklich, noch mehr können ja unmöglich in Lolas Bauch „Verstecken“ gespielt haben.
Was für ein Geschenk, von solch einem wunderbaren Wesen einen ganzen Stall voller süßer, kleiner Hundebabys erleben zu dürfen! Ich kann es gar nicht erwarten, morgen sollte ich sie alle sehen.
Noch lange liege ich wach, 4:16 Uhr ist die letzte Uhrzeit, an die ich mich erinnere. Irgendwann muss ich dann doch weggenickt sein. Bis mich der Piepton der eingehenden WhatsApp aufschrecken lässt, inzwischen ist es acht Uhr morgens. Ich traue meinen Augen nicht, als ich lese:
„Es sind 10 geworden.“

Lola

Zwei Jahre zuvor ...

„Ist Ihr Hund klug?"

Die Frage stellt mir das Frauchen eines gescheckten Cocker Spaniels mitten auf der Hundewiese.
Einen Moment lang bin ich versucht, mit einem Gag zu antworten: „Na klar! Der ist hochbegabt, hat 'nen Doktortitel und liest morgens die Zeitung!" Aber die Gefahr ist einfach zu groß, dass die Dame kontert: „Ich weiß, hat mir meiner erzählt!"
Ich lasse mir also mit meiner Antwort Zeit und blicke liebevoll auf Lola. Sie untersucht gerade, was die Häschen hier für Riesenlöcher hinterlassen haben.
Besonnen und, wie ich finde, voller Bescheidenheit antworte ich schließlich: „Ja, ich denke schon. Nur im Straßenverkehr ist sie meist nicht die hellste Kerze auf der Torte."
ABER WIE AUCH? Ist dem Verkehrsministerium denn nicht bekannt, dass Hunde die Farben rot und grün nur als gräulich erkennen? Wie sollen sie da bitteschön die Ampeln lesen?!
Oder Rot-Grün wählen?!

Im Ernst: Wenn ich mit Lola Straßen überquere, bin ich immer wieder aufs Neue verzweifelt. Es will mir einfach nicht in den Kopf, dass dieses sonst so clevere Wesen die Gefahr eines herannahenden oder vorbeifahrenden Autos nicht erkennt! Okay, sie ist erst 15 Monate alt, vielleicht geht da ja noch was…

Die Frage, ob und, wenn ja, wie klug Hunde sind, beschäftigt die Wissenschaft schon eine ganze Weile: Man fand zum Beispiel heraus, dass Hunde bis zu 250 Wörter verstehen und deuten können. Rechnen können sie auch, zumindest bis drei. Ob das der Grund ist, warum Lola, sobald die dritte Pfote nach dem Spaziergang sauber gewischt ist, bereits ins Haus durchstartet? Hunde sollen in etwa so schlau sein wie ein zweieinhalbjähriges Kind… Jetzt frag ich Euch: Kennt Ihr ein zweieinhalbjähriges Kind, das ein Haus bewacht? Oder Geldscheine erschnüffelt, Brände ermittelt und Krebs entdeckt? Oder gar Römergräber findet?[2] Neuerdings gibt es sogar Hunde, die als „Corona-Detektive“[3] arbeiten!

Wer legt eigentlich fest, ob ein Wesen intelligent ist? Genau, wir Menschen maßen uns das an. Da werden IQ- und andere Tests gemacht, um Intelligenz zu messen. Ganz schön vermessen… Allein, was Hunde durch ihr Schnüffeln für Erkenntnisse gewinnen können. Was sie mit Hilfe ihrer ausgezeichneten Nasen sehen, finden und verstehen. Ob sich wohl Hunde untereinander auch darüber auslassen, was der Mensch so alles nicht checkt, einfach, weil er es nicht riecht?
Ob Hunde ihren Artgenossen Chaser aus South Carolina auch zum „schlauesten Hund der Welt“ gekürt hätten? Wohl eher nicht. Für uns Menschen jedenfalls war die Border Collie Hündin – yeah, immerhin ein Weibchen! – die Klügste.

2 …wie Archäo-Dog Flintstone aus Oberbayern.
3 Hunde, die die Covid 19-Erkrankung erschnüffeln. Finnland ist Vorreiter im Einsatz dieser Hunde.

Denn Chaser war in der Lage, Sätze mit präpositionalem Objekt, Verb und direktem Objekt zu verstehen – also mehr als zwei Drittel der Jugendlichen heutzutage. Die sprechen nicht selten eine ganz andere Sprache: „Wallah, Brudi, was geht? Deine Chaya is voll lit! Braah!“[4]

Ich meine: Sätze mit präpositionalem Objekt, Verb und direktem Objekt versteht Lola auch. Sowas wie „Lass die Nase vom Tisch.“ Sie befolgt sie nur meist nicht …

4 … was übersetzt so viel heißt wie: „Ey Alder, was geht? Ey, voll geile Bitch, Deine Alde! Ey Respekt, Alder!“

Chaser jedenfalls wurde von ihrem Herrchen, Professor Pilley, drei Jahre lang vier bis fünf Stunden täglich trainiert und konnte hinterher sage und schreibe 1022 verschiedene Begriffe unterscheiden!

Das Trainingsprinzip war einfach: Pilley zeigte Chaser ein Objekt, sagte den Namen des Objekts bis zu vierzig Mal, versteckte es dann und der Hund musste es finden. Zur Belohnung gab es Leckerchen.

Vierzig Mal! Das ist doch kein Lernen, das ist Gehirnwäsche!

So was macht man doch nicht mit einem Hund!

Aber bevor ich mich hier zu weit aus dem Fenster lehne – weiß jemand eventuell, wie oft Lehrer ihren Stoff wiederholen, bevor ein Schüler ihn versteht?

Lola (fr) isst

„Der Alltag mit Hund besteht zu 99 Prozent darin, sich gegenseitig hinterherzulaufen und zu fragen, was der andere da wohl gerade so frisst."

Diesen Spruch habe ich irgendwo mal gelesen und finde, da ist sehr viel Wahres dran. Lola und ich haben uns tatsächlich ständig im Blick, wenn es irgendwie nach Nahrungsaufnahme aussieht.

Abgesehen davon, dass sie zuweilen die Scheiße von anderen Tieren frisst, ISST Lola eigentlich eher – irgendwie kultiviert.

Sie leckt sogar ihren Napf total blank!

Seitdem lecke ich meinen Teller auch blank.

An Lolas Ess*geschwindigkeit* müssen wir allerdings noch arbeiten. Sie vergisst nämlich manchmal zu kauen. Dabei haben Hunde zehn Zähne mehr als wir Menschen, die müssen doch in Aktion gehalten werden!

Damit sie also langsamer isst, habe ich ihr von meiner letzten Australientour eine sogenannte „slow feed dog bowl“[5] mitgebracht: Einen Silikon-Napf mit kreisförmigen Rillen, in die man das Trockenfutter steckt. Das ist quasi wie Sushi mit Stäbchen, man wird zum langsamen Essen verdonnert.

Und was macht Lola? Schmeißt das Teil um und putzt alles vom Boden auf.

Da soll nochmal einer sagen, der Hund sei nicht klug!

Hunde sind einfach die cleveren unter den ehemaligen Wölfen. Nämlich die, die sich dachten: „Ich pass mich einfach dem Menschen an und lass mich bedienen, das ist bequemer, als mir das Futter selbst besorgen zu müssen!“

Und so haben wir jetzt den Sofawolf im Wohnzimmer sitzen. Der sich bekochen lässt!

Ja, Lola bekommt ihr Essen frisch zubereitet. Gestern stand zum Beispiel „Filet Mignon an Mangold“ auf dem Menüplan.

5 … hierzulande auch schnöde „Anti-Schling-Napf“ genannt …

Ne, war nur Spaß.
Aber Lola bekommt wirklich teilweise gekocht, zwischendurch allerdings auch Trockenfutter.
Premium natürlich.
Komisch, für MICH gehe ich auch schon mal zum Discounter einkaufen. Lolas Futter würde ich da niemals kaufen!
Irgendwas läuft hier falsch … verwöhne ich meinen Hund zu sehr?
Ich kann ihm einfach nichts abschlagen.
Auch am Tisch …
Mal ehrlich, lasst Ihr da auch schon mal von Eurer Beute ab?
Oh, dieser Blick, der Bände spricht …

„Ich weiß, dass ich nicht betteln darf, aber ist DAS schon Betteln? Ich guck Dich doch nur an. Weil ich schon wieder soooo ein großes Loch im Bauch habe. Und weil ich Dich so lieb hab! Siehst Du das denn nicht? Guck mich doch mal an! Schau mir in die Augen!“

Boah Leute, manchmal denk' ich, da sitzt kein Hund vor mir, sondern Kaa, die Schlange aus dem Dschungelbuch!

Jedenfalls liebt Lola ihren Fressnapf, den Wassernapf weniger... Trinken gehört wirklich nicht zu ihren Kernkompetenzen. Da musste ich mir richtig was einfallen lassen: Ich habe ein kleines Porzellanschälchen, das ich mit Leitungswasser befülle und ihr dann mit den Worten: „Evian für Luxushunde“ offeriere, begleitet von Küssen aufs Haupt, während sie trinkt... Das erscheint ihr offenbar eine standesgemäße Art diese neutral schmeckende Flüssigkeit zu sich zu nehmen.
JA, GEHT'S NOCH???

Habt Ihr Euch auch schon mal gefragt, wie Hunde – also alle außer Lola – das überhaupt schaffen, ihre Näpfe so schnell leer zu trinken?
Ich habe es nachgelesen: Das Trinken bei Hunden ist ein physikalisches Phänomen, sozusagen höhere Physik. Das Zauberwort lautet Hydrodynamik: Zwischen Napf und Zunge entsteht eine Wassersäule, die der Hund aufschnappt.
Natürlich wollte ich wissen, ob ich das auch kann. Die Folge: Wir mussten eine Trocknungsfirma beauftragen, weil das ganze Haus unter Wasser stand.

Und dann wären da noch die Leckerlis! Ich hab immer welche in meinen Mantel-, Jacken- und/oder Hosentaschen. Die landen auch öfters mal in der Waschmaschine. Und dann kommt dieser Moment, in dem Du in die Tasche Deiner frisch gewaschenen Jeans fassen willst – und nicht reinkommst. Das Futter ist nämlich inzwischen wieder hart geworden. Der Vorteil: Die Hosentaschen können von nun an nicht mehr ausbeulen.

Generell bin ich allerdings recht sparsam mit Leckerlis. Weil ich einfach nicht von meinem Hund zum „Futterautomaten“ degradiert werden möchte.

Übrigens: Habt Ihr schon mal auf einer vollbesetzten Hundewiese „Leckerchen!“ gerufen?

Leute, ich sag Euch: Da habt Ihr sofort ganz viele neue Freunde! Allerdings nur Hunde.

Auf einer Hundewiese „Leckerchen“ zu rufen ist, als würde einer im Fußballstadion durchs Megafon schmettern: „Ich geb in der Pause `ne Runde!“

Wobei das in Corona-Zeiten wohl nicht sonderlich teuer würde …

Lola kommuniziert

Wieso sprechen eigentlich sowohl Frauchen – mich eingeschlossen – als auch verdammt viele Herrchen mit ihren Hunden anstatt in ihrer normalen Stimmlage oft mindestens eine Oktave höher?
Vielleicht, weil wir die Erfahrung gemacht haben, dass Hunde das mögen. Sie scheinen hohe Stimmen als angenehm und motivierend zu empfinden. Wenn allerdings eine Situation gefährlich wird und Lola dringend gehorchen muss, wird die Einlull-Frequenz nutzlos, da gehe ich meist eine Oktave tiefer als üblich.
Ich habe mal gelesen, dass Männer viel weniger mit ihren Hunden reden als Frauen. Mein Liebling, also mein Mensch-Liebling, scheint sehr erleichtert zu sein über meine Redseligkeit dem Vierbeiner gegenüber: „Was bin ich froh, dass Du Lola hast! Die kannst du die ganze Zeit vollquatschen und ich hab meine Ruhe!“ Darauf ich: „Sei froh, dass Lola nicht unsere Sprache spricht. Was meinst Du, was *die* Dich erst zutexten würde!“
Der Herr Rütter ist allerdings der Meinung, wir Frauen reden

ZU viel mit unseren Hunden, nämlich im Schnitt 400 Wörter am Tag. Mit dem Ergebnis, dass sie vor lauter Vollgelabere irgendwann nicht mehr zuhören und damit nicht mehr auf uns hören.
400 Wörter! Die hab' ich schon bis zum Frühstück zu Lola gesagt!
Dabei habe ich stets das Gefühl, dass Lola wirklich auch jedes Wort versteht!
Das ist vermutlich einer der meistgebrauchten Sätze eines jeden Hundebesitzers. Also gleich nach „Der tut nichts.", „Der will nur spielen." und „Das hat er noch nie getan." Aber danach kommt sofort „Der versteht jeeeeeeeeedes Wort."
Es ist aber auch ein schönes Gefühl zu wissen: „Mein Hund versteht mich."
Wo ich mich doch selbst oft nicht verstehe …

Aber verstehe ich meinen Hund auch richtig?
Zum Beispiel denke ich oft: „Lola lächelt mich an." Jetzt habe ich aber gelesen, dass Hunde uns, wenn sie „lächeln", in Wirklichkeit imitieren. Wir lächeln daraufhin noch mehr, schaukeln uns quasi gegenseitig hoch frei nach dem Motto: „Da laaaaachste Dich kapott!"[6]
Dabei ist dem Hund vielleicht gar nicht zum Lachen zumute. Weil er beispielsweise gerade etwas ausgefressen hat. In so einem Fall guckt Lola mir nicht in die Augen, sondern an mir vorbei, sie schielt höchstens mal kurz zu mir hin.
Und was denke ich?
„Wie süß, die schämt sich!"
Nein, die Hundeprofis sagen, die Hunde machen das, um von sich abzulenken. Lola guckt also weg, weil sie glaubt: „Dann sieht Frauchen mich nicht."
Eine Methode, die ich übrigens auch aus dem Theater kenne.

6 Kölscher Dialekt für „Da lachst Du Dich kaputt"

Denn wenn ich mitten in der Show durchs Publikum gehe – was ich sehr gerne tue – gibt es immer wieder Leute, die offenbar denken: „Wenn ich die jetzt nicht angucke, sieht die mich auch nicht, dann nimmt die mich auch nicht dran.“ Ich muss sagen, mit diesen Menschen rede ich am liebsten.

Zurück zu Lola: Mit anderen Hunden kommuniziert sie sehr sozial, allerdings abhängig von deren Größe. Große Hunde nimmt sie für voll. Sind diese allerdings aggressiv, legt sie gerne mal den „Rhodesian-Ridgeback-Look“ auf: Die ganze Wirbelsäule ein einziger Kamm, alle Haare gegen den Strich.
Kleine Kläffer ignoriert Lola, macht einen Bogen um sie und wenn sie nicht aufhören und sie angehen, stellt sie sich über sie. Eigentlich eine coole Art der Konfliktbewältigung …
Die meisten kleinen Hunde denken offensichtlich, sie seien groß. Große dagegen scheinen zu glauben, sie seien Schoßhündchen.
Lola zum Beispiel liebt es, auf den Schoß zu kommen. Zuerst legt sie ihren Kopf auf meinen Oberschenkel, gefolgt von Vorderpfoten und Oberkörper. Wenn ich dann noch nicht laut jaule, schiebt sie den hinteren Teil nach. Und was denke ich, während mir allmählich die Beine einschlafen?
– „Och, wie süß!!!“

Dasselbe denke ich übrigens, wenn sie vor meinem Bett steht …
Hund im Bett – Wenn man überlegt, wo die den ganzen Tag so durchlaufen. Und was die vielleicht für zusätzliche tierische Mitbewohner bei sich tragen.
Also, ICH lasse Lola nicht ins Bett!
Allerdings wache ich dort immer wieder mit ihr auf …

Ein Katzenbesitzer hat mir übrigens mal erzählt, seine Katze würde sich manchmal nachts auf sein Gesicht legen.
Das ist doch kein Kuscheln! Das ist ein Mordversuch! Die lässt es einfach wie einen Unfall aussehen! Sowas Heimtückisches!
Da hab ich doch lieber einen Hund im Bett!

Was das alles kostet!

Wusstet Ihr, dass in Deutschland – nach Russland – europaweit die meisten Hunde leben? Über 10 Millionen! Tendenz steigend, nicht zuletzt bedingt durch den Corona-Hunde-Babyboom: 20 Prozent mehr Hunde als in den Nicht-Corona-Jahren haben wir Deutschen im Jahr 2020 angeschafft[7].
Da kann man nur hoffen, dass das Homeoffice auch in Zukunft ein Arbeitsmodell bleibt. Und dass, wenn aus Kurz- wieder Langarbeit wird, in Zukunft möglichst viele Chefs Bürohunde erlauben. Immerhin gibt es inzwischen Studien, die belegen, dass Hunde zum guten Klima im Office beitragen. Der ein oder andere Hundebesitzer wird sich dann einen Großteil der Futterkosten für seinen Hund sparen können. Denn für dessen tägliche Bürorunden haben die Kollegen sicherlich alle etwas Gutes in ihrer Schublade.

7 laut Presseinformation des Verbandes für das deutsche Hundewesen (VDH)

Zurzeit geben wir Deutschen für unsere Kaniden jährlich circa zwei Milliarden Euro aus – die Hälfte davon wahrscheinlich ICH.
Es gibt Menschen, die das verwundert.
Zum Beispiel den Anthropologen Ndonko aus Kamerun, der seit Jahren die Beziehung der Deutschen zu ihren Hunden beobachtet. Dazu gibt es eine schöne Dokumentation vom Norddeutschen Rundfunk und einen „Zeit"-Artikel mit dem Titel „Das wilde Germanistan"[8]. Ndonko stellt darin fest: Je kultivierter eine Gesellschaft ist, desto hundeverrückter ist sie.

Mmmh, da müssen die Amerikaner ja besonders kultiviert sein – denn dort leben die meisten Hunde weltweit. In San Francisco zum Beispiel gibt es in etwa genauso viele Hunde wie Kinder. Und im Weißen Haus hat der Präsident neben seiner First Lady auch (mindestens) einen First Dog sitzen. Okay, bis auf wenige Ausnahmen, wie zum Beispiel in der Ära Trump. (Was will uns DAS über den Menschen Donald Trump sagen?!)
Die Amerikaner verwöhnen ihre Hunde unter anderem mit DOG TV, dem Fernsehsender für Hunde. Wenn Frauchen und Herrchen zur Arbeit gehen, wird die Glotze angeschaltet und der Liebling unterhalten, damit ihm ja nicht langweilig wird.
DOG TV gab es auch eine Weile bei uns in Deutschland, es wurde aber dann wieder eingestellt – war wohl für die Katz'...
Jedenfalls gab es da Sendungen wie „Spitz, pass auf!", also quasi eine Gameshow. Auch eine Daily Soap war dabei: „Alles, was bellt". Und ganz beliebt war die Sendung „Menschen suchen ein Zuhause – das Magazin für streunende Frauchen und Herrchen". Ach ja, und zum Sendeschluss gab's als Endlosschleife „Die schönsten Laternenpfähle Deutschlands".

8 In: Die Zeit 30.10.1999

Schluss mit lustig, zurück zu Anthropologe Ndonko: Der war sogar einmal zu Gast bei Sir Henry, dem Mops von Uschi Ackermann.
Besser bekannt als Frau Käfer.
Das Frauchen vom Herrn Käfer.
Der vom Käferzelt.
Oktoooooberfest!
Ah, jetzt, ja!
Wie zu lesen war, ließ Frau Käfer sich allein Sir Henrys medizinische Versorgung pro Monat 1000 Euro kosten.

Wow, musste der Hund gesund sein – wahrscheinlich Chefarztbehandlung durch Müller-Wohlfahrt oder so.
Sicherlich war Sir Henry auch der kulinarisch verwöhnteste Hund Deutschlands. Denn ohne eine standesgemäße Ernährung ging die Woche für ihn wahrscheinlich nie zu Ende: Auf seinem Speiseplan standen vermutlich Gerichte wie „Seezungen-Carpaccio" und „Blattgold an Tafelspitz".
Außerdem soll er Luxustreatments wie Massage, Aromatherapie, Pediküre und Fellpflege bekommen haben. Plus – für Mops ganz wichtig – Facelifting! Denn schließlich war Sir Henry in der bayerischen Hauptstadt „Promi des Jahres 2010".
Das ist jetzt kein Witz!
Nu ja, in München haben sie offenbar nicht so viel Auswahl an Prominenten. Man sagt ja auch: „Dös is a Hund!"
Dafür musste Sir Henry allerdings auch im Dirndl aufs Oktoberfest. Ich meine, bei uns in Köln fällt das ja nicht auf, wenn Männer in Frauenkleidern unterwegs sind. Aber in München? Da werden Möpse im Dirndl schnell mal mit Carmen Geiß verwechselt. Oder mit Michaela Schäfer.
Jedenfalls hat Sir Henry nach seinem Oktoberfest-Debüt in einem Monat mehr Autogrammkarten-Wünsche bekommen als ich in meiner gesamten Zeit beim WDR!
Und damit nicht genug: Sir Henry hatte eine eigene Kolumne in der Münchner Abendzeitung, er hat ein Buch geschrieben mit dem Titel „Hier schreibt der Mops". Und: Er hat ein Lied komponiert. Singen lassen hat er es einen Menschen und die beiden landeten damit den Wies'n-Hit 2011. Der Titel des Songs: „Scharfe Möpse".
Da sieht man wieder mal: Der Hund ist des Menschen bester Freund, auch wenn es um Marketing geht!

Wie kam ich jetzt darauf? –
Ach ja: die Hundekosten.

Ja, für unsere Lieblinge ist uns nichts zu teuer: Wir schaffen Halsbänder mit Swarovski-Steinen an und Leinen in vier verschiedenen Längen, lassen eigens eine Schwimmweste für den SUP-Hunde-Paddler anpassen und ein Hundewägelchen fürs Mountainbike konstruieren.
Das ist keine Hundeliebe – das ist Affenliebe!
Und ICH mittendrin.
Denn auch ich suche monatelang nach der besten Huta[9], dem ausgeklügeltsten Agility-Training und der raffiniertesten Hüpfburg für die nächste Hundeparty!

9 = Hundetagesstätte

Versteuert?

Und weil die Ausgaben tierisch sind, liegt die Frage nahe, ob man die Hundekosten nicht vielleicht von der Steuer absetzen kann. Ich hab mich da mal schlau gemacht und als Ergebnis meiner Recherche dreieinhalb ganz legale Steuertricks für Hundehalter ermittelt.

Zunächst einmal: Haustiere gelten offiziell als Privatvergnügen und deshalb kann man die durch die Haltung entstandenen Kosten nicht steuerlich absetzen.

Es gibt aber Ausnahmen:

1. Wer für seinen geliebten Vierbeiner Beiträge in eine Haftpflichtversicherung einzahlt, kann diese als Sonderausgaben von der Steuer absetzen.
   Wusstet Ihr das? Wenn nicht: Spätestens jetzt hat sich doch der Kauf dieses Buches gelohnt!

2. Wenn der Hundefriseur zu Euch nach Hause kommt, könnt Ihr die Kosten als haushaltsnahe Dienstleistung in der Steuererklärung aufführen. – Mist! Lola braucht keinen Friseur. Sonst hätte ich mir selbst noch schnell die Spitzen schneiden lassen können.

3. Wenn sich ein Tiersitter tageweise oder während Eures Urlaubs um den Vierbeiner kümmert, können auch die Kosten für Fahrt und Arbeit als haushaltsnahe Dienstleistung abgesetzt werden. Allerdings nur, wenn die Betreuung Eures Hundes bei Euch zuhause stattfindet.

Also, Ihr Lieben: ich suche einen Haus- und Hundesitter im Raum Köln, gerne Nichtraucher und Tierarzt! Auch Coiffeure willkommen, ich brauche mal wieder eine so gute Frisur wie Lola.

3 ½. Hundehütte

Ach, noch etwas: Solltet Ihr auf die Idee kommen, einen Profi mit dem Bau einer Hundehütte für Euren Liebling zu beauftragen: Immerhin 20 Prozent des Arbeitslohns, der Anfahrt und der Maschinenmiete könnt Ihr absetzen! Das Material allerdings nicht.

Muss man das verstehen?

Soweit die Steuerersparnis bei einem Otto-Normalhund.
Quasi den ganzen Hund von der Steuer absetzen können nur diejenigen, die ein Arbeitstier haben. Dazu gehören Wachhunde, Rettungshunde, Therapiehunde, Drogenspürhunde, Schlittenhunde – okay, die müssen wohl bald umschulen, wenn das mit dem Klimawandel so weitergeht … vielleicht zu Wasserskihun-

den? – Filmhunde, Blindenhunde und auch die schon genannten Corona-Detektive.

Also, ich finde ja, auch Lola ist ein Arbeitstier! Sie arbeitet als Reinemachefrau, denn sie saugt in meinem Lieblingscafé immer sofort alle Schokoladenkuchen-Krümel auf, die die Dreijährigen auf dem Boden hinterlassen.
Außerdem hat sie Jobs als Türsteherin, Tellerwäscherin, Fotomodell, Weckdienst, Fitnesstrainerin, Bodyguard und Schmusetier!
Das ist doch mal ein Pensum, oder?
Da sollen die beim Finanzamt mal was gegen sagen!

Figuriges

„Hat *die* `ne tolle Figur!“
Es gab Zeiten, da konnten solche Komplimente mir gelten. Heutzutage weiß ich gleich, dass damit der Hund gemeint ist.

Ja, es ist schon ein Leid: Lola hat wirklich „die Beine der Marlene“ [10] und dazu nicht nur eine Top-Frisur, sondern auch eine Top-Figur!
Das Tier verfügt offensichtlich über einen genialen und beneidenswerten Stoffwechsel. Denn die Massen, die es verschlingt, verbleiben ganz klar nicht an seinem Körper.
Im Gegensatz zu mir. Und genau deshalb gibt es in meinem Kühlschrank neben dem Hundefutter meistens nur eines, nämlich Licht!
Wenn wir aber bei meinem Liebling sind, finden wir einen mit Köstlichkeiten nur so vollgestopften Kühlschrank vor. Der Mann ist sich ganz sicher: Ein begeisterter und – zugegeben – sehr guter Koch braucht all das!

10 Die Rede ist von den vielgerühmten Beinen von Marlene Dietrich

Irgendwie hatte ich immer Männer, die kochen können … ich scheine ihnen diese Fähigkeit an der Nasenspitze anzusehen. Und ich erzähle allen meinen Männern, wenn ich sie kennenlerne, immer sofort, dass ich gut bin in der Küche. Nach einer Weile merken sie dann, dass das nichts mit Kochen zu tun hat …
Als ich trotzdem einmal für meinen Liebling gekocht hatte, hat er doch tatsächlich Lola seinen Teller hingeschoben!
„Wie? Gibst Du jetzt dem Hund Dein Essen?", fragte ich ihn beleidigt.
„Ne, ich tausch nur …"

Tja, Kochen gehört nunmal nicht zu meinen Kernkompetenzen. Ich bin einfach nur eine äußerst talentierte Esserin! So wie Lola.

Während sie dabei konsequent ihr Gewicht von 32 Kilo hält, schlägt sich die Schlemmerei bei mir gleich auf der Waage nieder. Aber zum Glück habe ich noch eine gute alte, analoge Waage. Die zeigt mir immer das korrekte Gewicht an. Im Zweifelsfall schiebe ich sie ein bisschen durchs Badezimmer, dann stimmt das Gewicht. Der eindeutige Vorteil eines Altbaus.
Aber letztens war ich beim Arzt und da hat mich doch tatsächlich die Sprechstundenhilfe auf solch ein digitales Teil gezwungen! Um mir anschließend diese scheinheilige Frage zu stellen: „KANN DAS STIMMEN?"
„Nein, das kann nicht stimmen! Da ziehen wir jetzt mal großzügig fünf Kilo von ab! Ich bin nämlich vollständig angezogen! Und ich trage schweren Schmuck! Und Kontaktlinsen! Plus: Ich bin geschminkt! – Außerdem habe ich schwere Knochen und ein Herz aus Gold!"[11]
Habe ich gedacht. Und beschämt genickt.
Mannomann! Und dann so eine Sprechstundenhilfe, die aus-

11 Letztens hat mir eine ältere Dame aus dem Publikum erzählt, ihr sei NOCH Schlimmeres widerfahren. Die Sprechstundenhilfe hätte sie nämlich gefragt: „Sind Sie denn immer noch 1,68 Meter?"

sieht, als hätte sie mit acht das letzte Mal was gegessen …
Ich gehöre nun mal nicht zu der Gattung der fettfreien Elfen! Dafür habe ich keine strengen Falten um den Mund und nicht ständig einen Möhrenschnitz zwischen den schmalen Lippen. Um es einmal vornehm zu formulieren: „Meine genetische Prädisposition macht mich zu einer Anhängerin großer Portionen."

An dieser Stelle, liebe männliche Leser, habe ich für Euch einen schier unbezahlbaren Tipp: Wann immer eine Frau zu Euch sagt: „Wir müssen reden …" bleibt einfach gaaaanz ruhig und antwortet: „Ja, gar kein Problem – aber sag mal: Kann das sein, dass Du abgenommen hast?"
Probiert's aus.

Noch etwas: Wenn mir das nächste Mal jemand Süßigkeiten schenkt, sage ich:
„Ganz lieb von Dir! Aber das möchte ich lieber nicht annehmen, ich kann nämlich nicht damit umgehen."
Wahrscheinlich wird mich mein Gegenüber dann verständnislos ansehen. Oder die Person lacht laut los. So wie meine Freundin Dana. Die wusste sofort, was ich damit meine. Weil sie sich nämlich Süßigkeiten genauso wenig „einteilen" kann wie ich. Sie wird auch dann erst wieder ruhig, wenn das letzte Gummibärchen und das letzte Fitzelchen Schokolade den Weg in ihren Bauch gefunden haben.
Letztens zum Beispiel hatte ich eine Großpackung Mini-Hanuta geschenkt bekommen. Mein erster Gedanke: „Die gibst Du an Deinen Liebling weiter, der kann sie mit ins Büro nehmen, da freuen sich seine Mitarbeiterinnen."
Aber dann hatte ich mir einen Caffè Latte to go in meinem Lieblings-Café geholt und dachte plötzlich: „Och, so ein Hanutachen

dazu wär jetzt ganz nett…!?!“ Und SCHWUPS, war die Tüte ge- und damit die Schlacht eröffnet. Binnen zwei Stunden hatte ich unzählige Gründe gefunden, noch eins und noch eins und noch eins von diesen Minis zu essen.
Bis dann die immer gleiche Entschuldigung kam: „Also, das bisschen, was noch übrig ist, kann man jetzt auch keinem mehr anbieten.“ In Wirklichkeit kommt natürlich die Scham dazu, zugeben zu müssen, dass man die 500g-Packung bis dahin allein geschafft hat. Da ist der Rest doch ein Klacks!

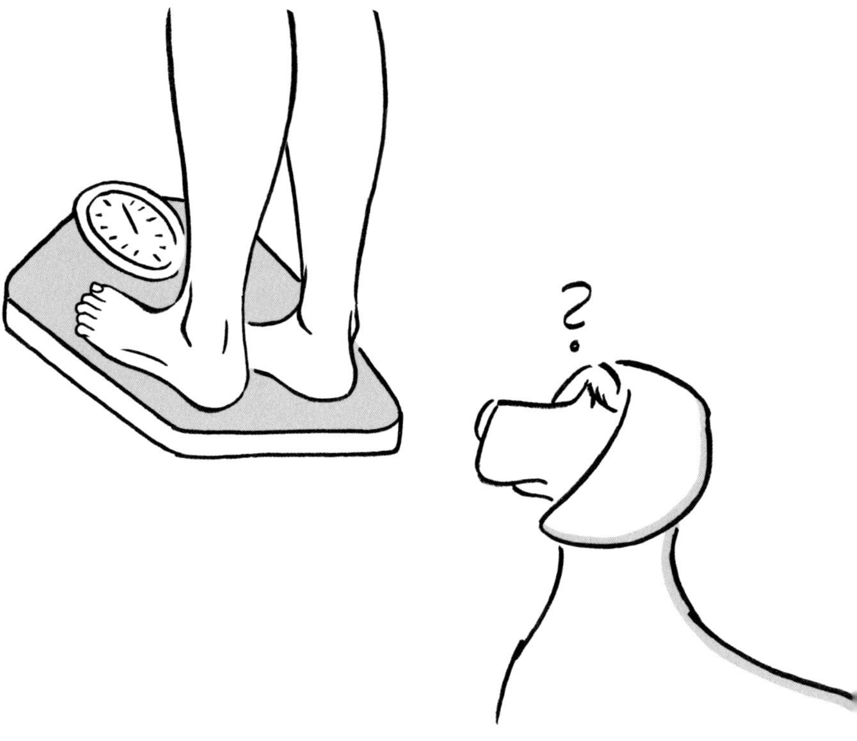

Lola tröstet

Lola hilft mir, im Gleichgewicht zu bleiben.
Das war ganz extrem im Sommer 2017 – da ist meine Mama gestorben. Die letzten zwei Wochen war ich bei ihr im Grazer Krankenhaus und am Tag ihres Todes kam ich spätabends nach Köln zurück.
Da saßen wir drei dann – mein Liebling, Lola und ich – ich habe geredet und geredet und geweint und geweint. Zwischendurch hat Lolita, so als wollte sie mich ablenken, ständig irgendwelche lustigen Dinge gemacht: Sich auf den Rücken gedreht und alle viere genüsslich nach oben gestreckt. Irgendwelche Sachen aus anderen Zimmern angeschleppt. Mir mitten durchs Gesicht geleckt.
Damit hat sie mich mitten im Weinen immer wieder zum Lachen gebracht. So extreme, gegensätzliche, sich ständig abwechselnde Gefühle hatte ich vorher noch nie erlebt.
Ich sage immer: „Lola hat mich in der Situation gerettet."

Diese Lebensfreude der Hunde ist wirklich ansteckend, oder? Und dann diese bedingungslose Liebe – es ist total egal, ob Dein Gesicht morgens vollkommen zerknautscht ist. Ob Du die ältesten Klamotten anhast. Und je ungewaschener Du bist, desto lieber hat der Hund Dich! Da ist es doch kein Wunder, dass wir unseren Hunden auch unsere Liebe zeigen wollen.
Und wie tun wir das?
Indem wir sie küssen!

Küsst Ihr Eure Hunde auch?
Ja?
Auch öfter als Euren Partner?
Das sagt zumindest eine amerikanische Studie: 52 Prozent der befragten Hundehalter gaben an, ihren Hund öfter zu küssen als ihren Partner.
Und genauso viele haben ihren Hund lieber im Bett als ihren Partner! (Denkt mal drüber nach.)
Und jetzt kommt's: Für 94 Prozent ist der Hund der beste Freund!
Und was tut man nicht alles für seinen besten Freund?
Das nächste Kapitel lautet deshalb:

Lola kackt!

Die Formulierung stammt natürlich nicht von mir, sondern von meinem Regisseur.
Für MICH macht sie Häufchen.
Bei mir heißt die Hundewiese bei uns in der Nähe auch nicht Rue de la Kack. So nennen sie nur die anderen Hundebesitzer der Umgebung. Bei MIR heißt sie Allee der Ausscheidungen.
Lola löst sich nämlich sogar ausgesprochen aristokratisch. Ja, sie sieht dabei aus, als würde sie sich gerade gedanklich Immanuel Kants „Kritik der reinen Vernunft“ widmen.
Sie macht auch nur Häufchen, wenn sie nicht an der Leine ist. Das kann ich total verstehen. Wer von uns möchte schon an der Leine aufs Klo gezerrt werden? – Gut, manche zahlen sogar dafür …
Lola sucht sich auch immer einen versteckten Platz, damit ich ihr beim Häufchenmachen nicht zugucke. Das kann sie überhaupt nicht leiden. Und auch das verstehe ich. Wer will das schon?! – Bis auf die besagten Zahlenden …

Jedenfalls guck ich dann immer heimlich. Weil ich ja ihre Hinterlassenschaft erst lokalisieren und dann einsammeln muss. Das ist allerdings oft nicht so einfach, wenn der Hund nicht in meiner direkten Nähe macht und sich danach sofort vom Tatort entfernt.
Mannomann, wie oft muss ich schon ein jämmerliches Bild abgegeben haben: Ein planlos herumlaufendes Frauchen mit einer schon umgestülpten Tüte in der Hand, den Blick zum Boden gewandt, vorsichtig einen Fuß vor den anderen setzend. Ich sag Euch: In meiner Verzweiflung habe ich sogar schon mal ersatzweise ein fremdes Häufchen aufgesammelt!
Wobei: Im Winter hilft oft auch der aufsteigende Dampf und im Sommer meine Nase, um das Gesuchte zu entdecken …

„Das ist auch so richtig gemein von Euch Menschen: Ich geb mir soooo viel Mühe, den richtigen Platz für mein Häufchen zu finden. Dabei orientiere ich mich an der Himmelsrichtung, am Magnetfeld der Erde, das mich entlang der Nord-Süd-Achse weist. Mit meinen 200 Millionen Riechzellen – Du weißt, Ihr habt nur fünf Millionen ...– erschnüffele ich, welcher Hund hier vorher vorbeigelaufen ist, um dann meine persönliche Meinung zu hinterlegen. Und dann kommt Ihr Zweibeiner mit einer Tüte daher und zerstört sämtliche aufregenden, neuen Infos für meine Artgenossen mit einem Griff!“

Deshalb mache ich ihr Häufchen auch erst weg, wenn sie nicht mehr hinguckt und schon mit dem Lesen anderer Zeitungsartikel beschäftigt ist. Heimlich! Damit sie nicht frustriert ist. Und womöglich nachher noch depressiv wird.
Außerdem lasse ich ihr für das Finden ihrer Stelle immer ganz viel Zeit.

„Na, fast immer ... spätabends bist Du schon mal ganz schön ungeduldig. Ich lass mir trotzdem Zeit. Die Stelle muss schließlich mit mir sprechen!“

„Lola, hast du denn schon ein Häufchen gemacht? Mach doch mal ein Häufchen! Mach mal fein! Mach doch mal feiiiiiiiiiin für mich! Looooooola, mach mal Häuuuuuuuuuuuufchen!“

„Moment, Moment, jetzt mach mal keinen Stress hier. Unter Druck kann ich nicht. Diese Stelle hier sagt mir gar nichts.“

„LOLA! Jetzt mach schon Häufchen!!! Mach endlich Häufchen! LOOOOOOOOOLA! MACH HÄUFCHEN!!! –
Na eeendlich! Braaaaaaver Hund! Und das sieht ja aus wie gemalt! Toooooll gemacht, mein Mäuschen!“

Redet Ihr auch so mit Eurem Hund?

Down Under

Ich liebe Köln und deshalb lebe ich hier. Auch wenn man in meinem Heimat-„Dorf“ von Köln als der „verbotenen Stadt“ spricht…
Aber das Verbot sprechen diese beiden deutschen Metropolen in ihrer Hassliebe bekanntlich gegenseitig aus.
Ich erlaube mir, in beiden Städten Zeit zu verbringen, denn ich finde, sie ergänzen sich wunderbar.
Allerdings haben sowohl Düsseldorf als auch Köln die gleichen großen Probleme:

1. Irgendwann geht auch die schönste Karnevalszeit zu Ende.
2. Es dauert dann immer nochmal zwei Monate, bis es endlich wieder warm wird.

Und weil ich ja keine kleine Dumme bin, habe ich mir für genau diese langweiligen Monate März und April noch eine dritte Heimat ausgesucht: Australien!

2002 war ich zum ersten Mal dort und sofort vollkommen hingerissen von diesem Kontinent.
Zusammen mit meinem damaligen LAB[12] hatte ich mir im westaustralischen Perth einen Jeep gekauft und wir sind damit in viereinhalb Monaten 38.500 Kilometer durch Australien gefahren. Also quasi wie einmal um die Welt. Oder wie man in Australien so sagt: „Wir haben mal kurz am Strand vorbeigeschaut."
Was soll ich sagen? Mir gefiel es dort so gut, dass ich mich am Ende zwar von meinem damaligen, zukünftigen Ex, aber nicht von dem Jeep trennen konnte. Und jetzt muss ich jedes Jahr da hin. Weil irgendeiner muss sich ja ums Auto kümmern!
Seitdem bin ich also vier bis sechs Wochen jährlich in Australien.
Leider ohne Hund. Wegen des Flugs. Und auch die Quarantäne kann man einem Hund nicht zumuten.
Aber wie das so ist: Hundeaffinen Reisenden springt jeder Kanide schon aus zwei Kilometern Entfernung ins Auge – selbst, wenn er sich manchmal als Känguru entpuppt. Oder als Dingo …
Die australischen Hunde dürfen in den meisten Gegenden mit an den Strand, allerdings während der Saison oft nur morgens und abends ohne Leine.
Ein Riesenspaß für Mensch und Hund! Da wird gegrüßt, geküsst, geherzt, gelächelt, gehechelt, geredet, gewedelt, geschnüffelt und gespielt, was das Zeug hält! Da streiten sich weder Mensch noch Hund!
Da laufen Staffordshire und Bullterrier, die bei uns von vielen als Kampfhunde bezeichnet werden, fröhlich mit ihren Besitzern am Strand entlang, tollen mit anderen Hunden herum, spielen mit Kindern. Da ist absolut keine Aggressivität zu spüren.

12 = Lebensabschnittsbegleiter. Im Gegensatz zum „TAG", dem Tagesabschnittsgefährten. Oder der Steigerung: dem Tagesabschlussgefährten.

Und man muss dazu sagen: Die Australier sind, was safety, also Sicherheitsdenken, angeht, gaaaanz weit vorne.
Ich hab das mal recherchiert und herausgefunden, dass der Staff in Australien der absolute Familienhund Nr. 1 ist!
Mmmmmh ... wie kann das sein, dass diese Hunde in Down Under so sozialverträglich sind, nicht als Gefahr betrachtet werden, als Familienhunde gehalten werden, während sie bei uns oft als Bestien gelten und Angst verbreiten?
Hängt das Problem vielleicht am anderen Ende der Leine?
Man sagt ja auch: Sind Frauchen und Herrchen sozial gesund, chillt auch der zufriedene Hund!

Lola ist läufig

Bei Lola ist es alle acht Monate so weit. Das ganze Spiel dauert dann im Schnitt drei Wochen und die empfänglichen Tage liegen zwischen dem 11. und 17. Tag – vermutlich.

Offensichtlich sendet Lola in dieser Zeit besonders verlockende Düfte aus.

Folgende Geschichte trug sich an einem See ganz in unserer Nähe zu:

Lola lief brav neben dem Mountainbike her, plötzlich hörte ich ein dramatisches Gejaule hinter uns. Da kam ein kleiner, schmutzigweißer, offensichtlich notgeiler Pudel angelaufen und wollte Lola besteigen, ohne auch nur den Versuch eines Vorspiels anzutäuschen! Unter Einsatz meines Lebens hielt ich die beiden voneinander weg, da hörte ich von weitem eine Stimme und rief, so laut ich konnte:

„Ihr Hund ist hiiiiiiiiier!"

Sieben Minuten später trafen eine aufgeregte Mutter und ihre Tochter ein:

„Rudolfo, hierher! Entschuldigung! Der ist uns doch tatsächlich auf der anderen Seite des Sees ausgebüchst! Jetzt hör schön auf zu heulen und komm!"
Halleluja, was war ich froh, als die drei weg waren! Lola und so ein Knirps, das ist ja wie Angelina Jolie und Friedrich Merz!

Mein Glück darüber, einen guten Anstandswauwau abgegeben zu haben, währte nicht lange, denn keine fünfhundert Meter weiter erlebten wir die zweite Läufigkeits-Story:
In einer Bucht standen zwei Frauen und ein Mann mit zwei Hunden und unterhielten sich. Einer der beiden Hunde, ein schwarzer Labrador, stürzte sich sofort auf Lola und bedrängte sie. Seelenruhig schaute eine Dame mit rotgefärbten Haaren und lila Strähnen, gemusterten Leggings und Nordic Walking-Stöcken zu. Da sie offenbar das Frauchen war, sprach ich sie an:
„Ist das Ihr Hund?"
„Ja."
„Würden Sie ihn bitte zurückrufen?"
„Wieso? Ist Ihre läufig?"
„Ja."
„Wieso ist die dann nicht an der Leine?"
„Weil das nichts bringen würde. Meine Hündin läuft ja nicht zu Ihrem Rüden, sondern er zu ihr. Sollten Sie daher nicht lieber Ihren Hund an die Leine nehmen?", entgegnete ich tapfer, während ich mit einer Hand Lola an ihrem Halsband bei mir hielt und mit der anderen versuchte, den Rüden abzuwehren.
Darauf sie: „Nun werden Sie mal nicht frech. Sie haben mir hier gar nichts vorzuschreiben! Außerdem dürfen Sie hier gar nicht mit dem Fahrrad fahren."
Angesichts der fehlenden Hilfsbereitschaft des – nebenbei bemerkt – sehr beleibten Frauchens war ich inzwischen stocksauer: „Ja, ist klar. Walkingsticks, aber sich bloß keinen Millimeter zu

viel bewegen müssen. Bleiben Sie nur, wo Sie sind und werfen Sie weiter Schatten wie `ne Kathedrale, dann hat Ihr Hund wenigstens ein kühles Plätzchen, wenn er sich gleich verausgabt hat. Ach ja – und die Alimente zahlt die Familie des Rüden. Das nur zu Ihrer Information."

„Schatten wie `ne Kathedrale" – hatte ich das wirklich gerade gesagt???
Tja, mit Hund wirst Du halt zum Tier.

Zurück in der Gegenwart

Zehn kleine Streifenhörnchen

„Wir üben fleißig." Ein Satz, den man auch heute noch manchmal von Paaren hört, die bereit sind für Nachwuchs. Wie Ihr alle schon wisst, hatte Lola einmal geübt – nämlich bei ihrer dritten Läufigkeit – und bei der vierten hatte es geklappt.
Nun stehe ich vor dem Ergebnis von Lolas zweiter Zusammenkunft mit Balou aus Limburg.
Und bin völlig hin und weg!
„Looola!"
Die Supermama liegt in der Welpenbox und sieht aus, wie man sich eine frisch gebackene Mama von zehn Kindern so vorstellt: Erschöpft, aber glücklich.
Pflichtbewusst, wie sie ist, zeigt sie ihre Freude über meine Rückkehr heute einmal nicht durch überschwängliche Begrüßungsrituale. Lediglich das Schwänzchen klappert heftig auf dem Boden der Wurfkiste, dabei hebt sie freudig ihren schönen Kopf.
Der Rest ihres Körpers ist beschlagnahmt.

Denn zehn kleine Streifenhörnchen – acht blaue und zwei graue – bahnen sich energisch den Weg zu Lolas Zitzen. Zehn? Nein. Das Kleinste, das einzige graue Mädchen, hat gerade Mühe, die begehrte Futterquelle zu erreichen und wird von den kräftigeren Welpen abgedrängt. Sofort setzt mein Beschützer-Instinkt ein und ich begebe mich auf die Suche nach der freien Zitze. Denn schließlich hat ein Wunder der Natur es so eingerichtet, dass es in Lolas Fall genau passt: Zehn Zitzen für zehn Welpen. Die Kids müssen also nicht „Reise nach Jerusalem" spielen.

Ah, eine der beiden vordersten Titties ist noch frei! Kurzerhand siedele ich einen besonders wohlgenährt aussehenden Welpen um: Er darf jetzt näher an Mamas Kopf und das kleine Mädchen an die größere Milchquelle. Gerechtigkeit muss sein!

Stundenlang sehe ich mir nun das beste Kino der Welt an: Aus diesen zehn nuckelnden, schlafenden, quiekenden Wesen mit den stromlinienförmigen Streifen auf dem Rücken werden tatsächlich einmal Weimaraner?

Spätestens, als ich die ersten Bächlein fließen sehe, bin ich zumindest davon überzeugt, dass es sich bei den Winzlingen um Hunde handelt. Und auch, wenn sie noch nicht sehen, wo sie hinmachen: Ihre reinliche Mama hat alles im Blick und hält das neue Zuhause sauber. Was für ein Recycling-Kreislauf…

Der währt allerdings nur so lange, bis die Kids nach zwei Wochen mit Hüttenkäse zugefüttert werden. Von jetzt an müssen Frauchen und Herrchen mit ran beim Saubermachen der Box. Ein Welpe nach dem anderen öffnet nun seine blauen oder bernsteinfarbenen Knopfaugen, jedes Mal wird der Moment gefeiert wie Geburtstag und Weihnachten zusammen. Von Tag zu Tag werden die Kids jetzt abenteuerlustiger, bald müssen die Wände der Welpenbox höher gezimmert werden, damit die Bande nicht ausbüchst.

Damit Lola keinen Mama-Koller bekommt, mache ich mit ihr nun öfters Spaziergänge. Sie genießt das spürbar, aber auf dem Rückweg muss es schnell gehen: Das Pflichtbewusstsein der jungen Mutter ruft! Die Hundekinder begrüßen ihre Mami lautstark. Irgendwie klingen sie dabei vorwurfsvoll …

Das kleine graue Mädchen hat es mir besonders angetan. Zum einen, weil es seiner bezaubernden Mama von Tag zu Tag ähnlicher sieht. Zum anderen, weil es so klein ist und ganz besonders schutzbedürftig wirkt …
HALLO, SYLVIE?
Was ist los mit Dir?
Hast Du Dich etwa verliebt?
Bist Du etwa doch bereit, Deine Unabhängigkeit aufzugeben?
Willst Du *tatsächlich* Deine Freiheit riskieren und Dich für einen *Vollzeithund* entscheiden???

Dogsharing

„Wie, für einen Vollzeithund entscheiden? Ich dachte Lola WÄRE Dein Hund?", denkt Ihr jetzt wahrscheinlich.
Ich gebe zu, ich habe Euch die ganze Wahrheit lange vorenthalten. So ist das mit uns Künstlern: Wir denken immer in dramaturgischen Kategorien. Ich persönlich liebe es, wenn eine Geschichte eine überraschende Wendung nimmt. Ich hoffe Ihr auch.

Also, Tatsache ist:
Lola ist „nur" mein Teilzeithund!

Hier ist die ganze Geschichte:
Im Juni 2017 postete einer meiner Facebook-Kontakte ein Foto seines Weimaraners und fragte in der Community nach, wer ihn für zehn Tage betreuen könne. Denn Herrchen und Frauchen wollten die Einladung zu einer Hochzeit auf Mallorca annehmen. Ein Vorhaben, das sich vielleicht mit einem Yorkshire-

Terrier, aber nur schlecht mit einem Weimaraner realisieren ließ. Nun hatte ich diese etwa elf Monate alte Hündin vorher schon einmal gesehen. Bei ihren Besitzern handelte es sich nämlich um Kunden von mir und bei unserem Gespräch über einen geplanten Auftritt war Lola dabei gewesen.

Mein erster Eindruck von diesem Hund lässt sich mit fünf Adjektiven beschreiben: jung, schön, freundlich, energiegeladen und neugierig.

Oh ja, das konnte ich mir vorstellen, dieses quietschlebendige Wesen für ein paar Tage zu mir zu nehmen und zu bespaßen!

Also schrieb ich Lolas Herrchen, das sich offenkundig über meine Hilfsbereitschaft freute.

Einige Tage später fuhr ich zu einem weiteren Kennenlernbesuch nach Köln-Lindenthal. Geplant war, dass ich einen ersten Spaziergang mit Lola machen sollte. Aber ob sie überhaupt mit mir mitgehen würde?

Nein, sie ging nicht mit.

Sie ging vor.

45 Minuten lang zog das 30-Kilo-Geschoss mich durch den Stadtwald – damit war unsere Freundschaft besiegelt.

Drei Tage später holte ich Lola ab. Sie durfte in meinem 1992er Mini vorne sitzen, natürlich mit Geschirr und Sicherheitsgurt. Das Wetter war schön, das Schiebedach geöffnet und Lola groß genug, um ihre Ohren im Wind flattern zu lassen. An den Ampeln lachten die Autofahrer neben uns über meine ungewöhnliche Beifahrerin. Ja, selbst Menschen, die anfangs finster dreinblickten, begannen zu schmunzeln, zu lächeln oder sie lachten frei heraus. Für mich war spätestens jetzt klar: Dieser Hund war alles andere als eine Spaßbremse!

Von nun an hieß es: Pipi machen, fressen, spazieren gehen, Häufchen machen, fressen, joggen gehen, Pipi und Häufchen machen, fressen, im See schwimmen, Pipi machen, fressen, Mountainbike fahren und so weiter und so weiter – und auf einmal waren die zehn Tage rum!

Lola wurde abgeholt und, auch wenn mir das Haus plötzlich leer vorkam: Ich genoss es, meinen Tagesablauf wieder selbst bestimmen zu können. Circa einen Tag lang. Dann fehlte mir der große Wirbelwind.

Da traf es sich gut, dass Lolas Besitzer sehr froh darüber waren, als ich mich weiter als Teilzeit-Frauchen anbot.

Und so kam es, dass dieses Weimaraner-Mädchen von nun an quasi zwei Zuhause hatte.

Dogsharing – eine Lösung, die mir sehr entgegenkam. Wann immer ich Auftritte und Events hatte oder verreisen wollte, war Lola bei ihren Besitzern. Wenn ich Zeit für sie hatte, kam sie zu mir. Eine perfekte Symbiose für mich als freiheitsliebende, unabhängige Künstlerin.

So weit, so gut.

Bis zu dem Moment – es war im Sommer 2019 –, als Lolas Frauchen mir mitteilte, dass sie Deutschland in absehbarer Zeit den Rücken kehren würden.

„Ja, aber dann …?!?", dachte ich. Und versuchte mich an den Gedanken zu gewöhnen, dass Lola bald nicht mehr Teil meines Lebens sein würde. Die Traurigkeit über den bevorstehenden Abschied von diesem Hund wollte aber nicht kleiner werden.

Tja, und dann stellte sich heraus, dass Lolas Welpen unterwegs waren …

Das Ende der Freiheit?

Nun musste ich mich entscheiden. Mich für – hoffentlich – eine Menge von Jahren festlegen: „War ich wirklich bereit, die Verantwortung für einen ‚ganzen Hund' mit allem Drum und Dran zu übernehmen?"
Was hieß es für mich in meiner jetzigen Lebenssituation, einen eigenen Hund zu haben? Wie sollte ich von nun an meine jährlichen Australien-Tourneen realisieren? Wie könnte ich einen Hund in mein sonstiges Berufsleben integrieren? Würde es mir reichen, all meine Urlaubsziele in Zukunft anzufahren statt anzufliegen? Hatte ich überhaupt die Zeit für einen so beschäftigungsintensiven Hund wie den Weimaraner? Und vor allem: War ich schon bereit für einen anderen Hund als Lola?

Während ich die Entwicklung des grauen Mini-Hundes weiter mit stetig wachsendem Entzücken beobachte, mache ich mich in den nächsten Wochen daran, meine vielen Fragezeichen im Kopf nach und nach abzuarbeiten:

Mein Liebling hat mir angeboten, den Hund während meiner Australien-Aufenthalte zu betreuen.
Mein neues Solo würde ein Hundekabarett werden. Vielleicht könnte der Hund mich ja auf meinen Touren begleiten und eventuell sogar Teil des Programms werden?
Dann das Thema Urlaub: Früher war es mir wichtig, flexibel zu sein, mal schnell in den Flieger nach Hamburg, Berlin, Paris oder Mailand steigen zu können. Aber, seien wir mal ehrlich: Wenn man die Zeit von der Abfahrt Richtung Flughafen bis hin zur Ankunft am Zielhotel zusammenrechnet, kann man oft auch gleich den Zug oder das Auto nehmen. Und sich nebenbei immerhin nicht am Kerosinverbrauch beteiligen.[13]
Mit dem Hund im Auto unterwegs zu sein, würde bedeuten, zwischendurch immer wieder raus in die Natur zu müssen, sich Abfahrten zu suchen, an denen es einen schönen Wald oder einen kleinen See gibt. Dort könnten wir pausieren, frische Luft tanken, picknicken, innehalten und Pipi machen.
Ohne meinen Hund Urlaub zu machen, käme für mich nicht infrage: 1. Weil Weimaraner sehr personenbezogen sind (zumindest bilde ich mir das ein) und 2. weil ich den Urlaub sicher nicht genießen könnte, weil ich ständig an sie denke. Es ist, wie wenn ich ohne meinen Liebling nach Australien fliege und mir ständig denke: „Uih, da hätte er jetzt auch großen Spaß dran. Es wäre doppelt schön, wenn wir es gemeinsam erleben könnten!"
Das Gleiche würde ich denken, wenn der Hund nicht dabei wäre – mindestens …
Aber wer weiß, vielleicht kommt ja über kurz oder lang auch hier in Deutschland eine Fluggesellschaft auf den gleichen Trichter wie die Amis: Nämlich auch größere Hunde im Passagierraum eines Flugzeugs zu transportieren. Denn der Transport in einer Box im Laderaum des Fliegers ist für mich und sicher für die

13 Und das sage ich nicht, um einer bestimmten politischen Partei in die Karten zu spielen.

allermeisten Hundebesitzer absolut indiskutabel.
Stellt Euch das Szenario doch einmal vor: Eine Dreier- Sitzreihe, links und rechts sitzen Frauchen und Herrchen, in der Mitte befindet sich ein Körbchen oder eine Transportbox. Der Hund wird mit einem Sicherheitsgeschirr angeschnallt und verschläft den Flug.
Das wäre sicherlich ein Riesenmarkt!
Vielleicht sollte ich mir diese Idee ja patentieren lassen …?!

Und die restlichen Fragen, die ich mir vor der Anschaffung eines Hundes beantworten muss?
Ja, ich bin bereit für das Abenteuer, einen Hund 24/7 um mich zu haben!
Und: Ja, das graue Töchterchen von Lola zu mir nehmen zu können, ist ein Geschenk des Himmels!

Audrey

Hectique & Co.

Ich habe mir sehr viel Zeit damit gelassen. Denn schließlich würde mich meine Wahl im besten Fall die nächsten zwei Jahrzehnte täglich begleiten.

Völlig entspannt sitze ich im Auto auf dem Weg von der Yoga-Klasse nach Hause. Gerade blicke ich liebevoll auf mein Leben und plötzlich ist er da, der perfekte Name für meinen Welpen: AUDREY!
Natürlich!
Das filigranste Wesen im ganzen Wurf, das einzige Mädchen, das anders aussieht als seine fünf Schwestern, ausgestattet mit einer zuckersüßen Stupsnase, kann einfach nur heißen wie die Hepburn!
Mein Wagen wird immer schneller, ich kann es kaum erwarten, meinem Liebling die Neuigkeit zu erzählen. Zuhause angekommen mache ich es erstmal spannend: „Ich weiß, wie sie heißen soll."
„Wer?"

„Na, mein Hundemädchen!“
„Ja? Wie denn?“, erwidert der Mann, für meinen Geschmack eine Spur zu gleichgültig. Ja, klingt er nicht sogar gelangweilt???
„Wenn es Dich eh nicht interessiert, werde ich mein Geheimnis so schnell nicht preisgeben“, denke ich und antworte: „Erzähl ich Dir nachher im Bett.“
„Okay.“
Beleidigt und empört über so viel Ignoranz gegenüber einem so wichtigen Thema ziehe ich mich in mein Zimmer und vor den Laptop zurück. In den nächsten drei Stunden suche ich im Netz nach orthopädischen Hundebetten, mit den Möbeln korrespondierenden Körbchen, mehrfach verstellbaren Leinen und stylishen Futternäpfen mit Rutschschutz. Natürlich werde ich meine Auswahl dann im Geschäft kaufen, der Einzelhandel muss schließlich unterstützt werden.
Als die Favoritenliste schließlich erstellt ist, mache ich mich zufrieden auf den Weg ins Bad und dann ins Bett. Dort erwartet mein Liebling mich schon.
„Hah, jetzt bist Du aber neugierig!“, denke ich und ziere mich noch für einen kleinen Moment. Länger halte ich es jetzt aber wirklich nicht mehr aus.
Mit klopfendem Herzen lege ich mich neben ihn und flüstere: „Willst Du jetzt wissen, wie sie heißen soll?“
„Ja, bitte!“, kommt es sofort zurück.
„Na, geht doch“, denke ich zufrieden, während sich mein Mund seinem Ohr nähert und ich das Geheimnis fast lautlos lüfte: „Auuuuuudrey.“
„WIE?“
„Audrey.“
Die einsetzende Stille fühlt sich an wie eine Ewigkeit. Was ist, wenn ihm der Name nicht gefällt und er jetzt etwas Abfälliges darüber sagt? Wird das meine Entscheidung beeinflussen?

Endlich reagiert er, natürlich praktisch und sachlich, wie der Mann halt so ist:
„Das passt."
Tränchen kullern mir aus den Augen.
Mädels, wart Ihr auch so sentimental, als Ihr Euch endlich über den Namen des neuen Familienmitglieds im Klaren wurdet? Egal ob Zwei- oder Vierbeiner, es ist wohl ein besonderer Moment in unserem Leben, in dem wir diese Entscheidung treffen. Wir wollen halt nicht alle Emmas, Mias und Juliusse respektive Balous, Amys und Bellas zu uns rufen. Denn dann besteht immer die Gefahr, dass fremde Kinder oder Hunde angelaufen kommen.
Die Zeiten von Walter, Gertrude und Kevin sind für die meisten von uns genauso lange vorbei wie die von Hasso, Bello und Fiffi. Heutzutage geht halt nichts mehr unter Aphrodite, Gandhi und Bitcoin – zumindest bei den Haustieren.
Meine, äh, ich meine Audreys Tierärztin hat ihren Hund Hektik genannt. Weil er aber ein Beauçeron, ein französischer Hirtenhund ist, schreibt er sich „Hectique". Was wiederum übersetzt nicht etwa „Hektik", sondern „schwindsüchtig" bedeutet. Ich habe da bisher nicht weiter bei der Veterinärin nachgehakt… vermutlich trägt das Tier seinen Namen aber, weil es sich um einen kleinen „Unruhegeist" handelt.
Jedenfalls lassen sich viele von uns besondere und ungewöhnliche Namen für ihre vierbeinigen Freunde einfallen.
Dreimal dürft Ihr raten, welche Wagenmarke mein Nachbar, dessen Hund Cayenne heißt, fährt.
Die Katze des Nachbarn zur anderen Seite heißt Pommes Frittes, in meinem Viertel residiert zudem ein Golden Retriever namens Winnetou.

Des Weiteren weiß ich von einer Religionslehrerin, die sich nicht entscheiden konnte, ob sie ihren Hund Kaspar, Melchior oder Balthasar nennen sollte. Zum Schluss entschied sie sich dann für Pius XVI.
Bekannt sind mir außerdem, neben Sir Henry, Möpse mit den Namen Romy, Elvis und Einstein.
Ok, ich kenne auch Möpse, die heißen Hans und Franz...
Leute, was kann ich dafür, dass Heidi Klum ihre Brüste so nennt!
Aber sie hat auch zwei Hunde – allerdings keine Möpse – denn sonst hätte sie ja vier...

Und dann wären da noch die Kosenamen!
Übrigens habe ich festgestellt: Katzenmenschen schmeißen nicht so mit Kosenamen um sich wie Hundefreunde.
Mein Regisseur zum Beispiel nennt seine Katzen lediglich, wenn er eine ganz sentimentale Phase hat, Dickie und Doofi.
Ich finde ja, manche übertreiben es eh ein bisschen mit den Kosenamen...
Einmal habe ich mit Lola am See einen Mann mit einem jungen Zwerg-Kurzhaar-Dackel-Mädchen getroffen. Wirklich süß – also der Hund.
Der hatte ein Wasserspielzeug, größer als er selbst. Damit schwamm er also auf sein Herrchen zu und das spornte sein Dackelchen an:
„Ja, wer kommt denn da??? Ja, wo ist denn mein kleines Püppchen? Komm, Du schaffst das, komm, komm, komm, komm, komm, komm, mein Prinzesschen!"
Ein erwachsener Mann – wie peinlich!

Nur eine Bucht weiter trafen wir dann auf ein Frauchen, das offenbar seinen wohlbeleibten Labrador motivieren wollte: „Ja, Almalein, was hat meine Zuckerpuppe denn da für ein schönes Stöckchen! Ja, mein Mäuschen, kannst Du das denn auch aus dem Wasser holen? Ja, suuuuuper! Du schwimmst ja ganz, ganz toll, mein kleines Seepferdchen!"

Also, *ich* benutze solche albernen Kosenamen nicht! – Zumindest nicht in der Öffentlichkeit – höchstens, wenn uns keiner hört – dann könnte es schon mal passieren, dass ich zu meinem Hund Mäuschen sage …
Na gut, auch schon mal Räuberchen – Jaaaaa, ist ja gut, ich hab auch schon mal Lolita, Lita, Mucki, Puppi, Pupsi, Titti, Zutzi, Purzelchen, Zutzelchen … JA, AUCH Prinzesschen gesagt!
Wobei – am häufigsten hab ich gerufen: „WAS FRISST DU DA, DU ALTE SAU?!"

AUDREY

Die Wohngemeinschaft

Was macht man, wenn eigentlich mal wieder die Wände gestrichen werden müssten, der alte Schrank einem nicht mehr wirklich gefällt, das Sofa seine besten Tage gesehen hat, man aber nicht in die Gänge kommt?
Man schafft sich einen Welpen an!
Der sorgt garantiert dafür, dass man die Grundrenovierung und den Möbelkauf angeht, sobald das Jungtier aus dem Gröbsten heraus ist.
Bevor Audrey Teil unserer Wohngemeinschaft wurde, hatten natürlich sämtliche Steckdosen eine Kindersicherung verpasst bekommen. Der Gebrauch von Verlängerungskabeln und Dreifachsteckern gehörte der Vergangenheit an und Hinstellerchen waren ausnahmslos in die Schränke verbannt worden. Das empfindliche, cremefarbene Sofa wurde zudem von einer dekorativen Decke verhüllt.
Was den niedlichen Welpen nicht davon abhielt, binnen zwei Tagen ein riesiges Loch in die Wohnlandschaft zu fressen. Auf

das weiße, tiefe Sideboard kletterte sie und entdeckte den Geschmack von Holz für sich. Diese neue Leidenschaft für natürliche Materialien lebte sie alsbald auch an Stuhlbeinen und -lehnen, Tischbeinen und an dem hölzernen Weinregal aus.
Das alles war insofern für mich nachvollziehbar, als die meisten Hunde gerne auf Holz herumkauen. Was mir allerdings nicht in den Kopf wollte, war, was an Wandfarbe so prächtig sein sollte, dass man sie ablecken musste[14] …
Für eine Weile war eines von Audreys blauen Schwesterchen zu Besuch und die beiden schaukelten sich gegenseitig hoch, um alles anzuknabbern und zu zerfetzen, was nicht bei Drei auf dem Baum war.
Den jungen Hundedamen hatte sich noch nicht erschlossen, wozu ein Spaziergang dienlich sein könnte – außer natürlich dafür, die Welt da draußen zu entdecken. Folglich wurden die Häufchen erst gemacht, sobald die Kleinen wieder zuhause waren, denn da war ja nicht so viel los.
Nachts bellten mich die kleinen Racker aus dem Schlaf – allerdings nicht, um anzuzeigen, dass sie mal mussten, sondern um anzuzeigen, dass sie gerade gemacht hatten. Ganz so, wie es auch Babys machen. Mit dem kleinen Unterschied, dass man Welpen keine Windeln anlegen kann …
Wenn ich aus dem Hause gehen wollte und überlegte, wo ich Handschuhe, Schal und Beanie denn hingelegt hatte, half der Blick ins Körbchen, um die Accessoires zu finden. Meist eigneten sie sich aber eh nicht mehr zum Tragen.

14 Inzwischen habe ich das recherchiert: Es ist die Stärke im Kleister.

Als ob Audrey nicht schon genug Spielzeug gehabt hätte! Dies auf seine Funktionalität hin zu untersuchen, war übrigens unsere gemeinsame Aufgabe. Ich bin sicher: Audrey hätte einen super Testhund für TÜV-geprüftes Welpenspielzeug abgegeben! Und ich kontrollierte minütlich, ob das Quietschi dem Angriff der scharfen Mini-Milchzähnchen standgehalten hatte oder ob nur noch die Hälfte davon übrig war.
Überhaupt – diese ständige Angst davor, was da so alles in dem kleinen Magen gelandet sein könnte! Und die Erleichterung, wenn mein Welpe sich das Ungenießbare anschließend nochmal durch den Kopf gehen ließ …
Die größte Gefahr aber lauerte immer dann, wenn es verdächtig still war – ein Phänomen, das bei Menschen- und Hundekindern zu beobachten ist. Denn dann hieß es: ALARM! Wenn ich dann ins Wohnzimmer stürzte und mein Welpe mich unschuldig anguckte, während er ein Bächlein machte, war ich einfach nur erleichtert.

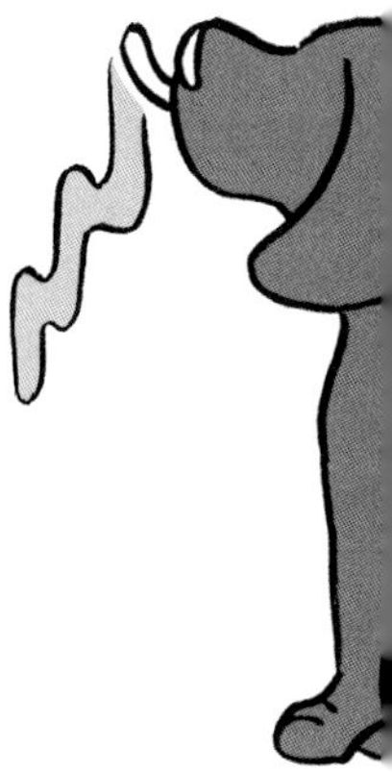

Und bei alledem, was in den ersten Wochen nach Audreys Einzug passiert ist, muss ich sagen: Ich will es nicht missen!
Es war großes Kino! Wenn auch ein ganz schönes Theater … – das uns brandneue Tapeten und Möbel bescherte!

Ist Ihr Hund jagdlich geführt?

„OH NEIIIIIIN, NICHT AUF DEN ARM NEHMEN!“
Der vorwurfsvoll herausgeschriene Satz dringt über die gesamte Hundewiese.
Trotzig presse ich meinen Weimaraner-Welpen noch eine Spur fester an die Brust. Der offensichtlich notgeile Rüde unter uns hängt sich jetzt an mein Bein. Na, besser als an mein unschuldiges Mädchen!
Mit einem dynamischen Schwung mache ich einen 180°-Turn – mein „Wadenbeißer“ fliegt dabei kurz durch die Luft – und signalisiere seinem Herrchen so, dass unser Gespräch beendet ist, bevor es überhaupt begonnen hat.

Immer mal wieder treffe ich auf Menschen, die der festen Überzeugung sind, man solle seinen Hund nie aus einer Konfrontation mit anderen herausziehen, indem man ihn „zu sich nach oben“ nimmt. Die Hunde regeln das doch bekanntlich alleine!

Ne, Leute, ich will mein kleines, unberührtes Wesen nicht so früh in seinem Leben eine solch rüde Erfahrung machen lassen! Humpelnd bewege ich mich von der kleinen Gruppe weg, bis Audreys hartnäckiger Verehrer endlich von meinem Bein ablässt.
Während ich meinem Minihund zärtlich die Öhrchen kraule, schnappe ich hinter mir einzelne Wortfetzen auf:
„Typisch … Blondine … Weimaraner … Modehund …"
Ah, da ist es wieder, willkommen Klischee!

Nein, ich habe mir meinen Hund nicht danach ausgesucht, wie er mit den bevorzugten Farbtönen meiner Garderobe korrespondiert. Und ich beabsichtige auch nicht mit Audrey täglich zwischen 17 und 19 Uhr auf der Prachtmeile meiner Geburtsstadt, der Kö, zu flanieren.
Wie Ihr ja nun wisst, hat mir das Schicksal diese Rasse zugespielt. Und ich habe mich hoffnungslos in den wunderbaren Charakter dieser schönen und klugen Wesen verliebt!

Als ehemalige Tänzerin war ich natürlich sofort begeistert von der Anmut des Weimaraners. Allein der federnde Gang, die Art und Weise, wie er seine Beine bei jedem einzelnen Schritt viel höher hebt als es ökonomisch nötig wäre. Eine Eleganz, mit der er selbst den „Rockettes", den Showgirls der berühmten „Radio City Music Hall"[15] Konkurrenz machen könnte!
Und ja, ich gebe zu, ich lasse mich generell von Äußerlichkeiten beeinflussen. Wenn ich zum Beispiel Männer wie den isländischen Ex-Fußballer Rurik Gislason oder Ex-Knacki Jeremy Meeks auf der legendären „Monday Night"[16] treffe, habe ich sicherlich keinen sonderlich intelligenten Ausdruck im Gesicht … so, wie ich die Jungs anstarre.

15 ein berühmter New Yorker Konzertsaal

16 … der bis zu Beginn der Corona-Pandemie jährlich stattfindenden besten Party Deutschlands, ausgerichtet von Dr. Hermann Bühlbecker, Inhaber der Firma Lambertz.

Ich gestehe ein: Bei der Wahl meines Hundes haben auch ästhetische Aspekte eine Rolle gespielt. Mit Sicherheit hätte ich nicht den Mut gehabt, mir einen Chinesischen Schopfhund[17] ans andere Ende der Leine zu nehmen.
Aber es gab auch eine Zeit vor dem Weimaraner – angefangen mit meinen beiden Dackeln Timmy und Benny, die mich einen Großteil meiner Kindheit begleitet haben. Und bevor Lola mein Leben auf den Kopf stellte, gab es bereits andere Teilzeithunde wie Cuvac-Hündin Lyra und Schäferhund-Mischling Charly. An beide habe ich wunderschöne Erinnerungen – mit Lyra war ich sogar einmal im Skiurlaub in Zürs. Sie liebte den Schnee und raste fröhlich neben mir her, wenn wir rodeln gingen. Aber beide Hunde haben mein Herz nicht so erobert wie Weimaraner-Mädchen Lola. Und nun ihre entzückende Tochter.
Dabei hatte ich Zeit genug, zu verstehen, wie „high maintenance“[18] ein Weimaraner im Verhältnis zu vielen anderen Hunden ist. Ein Aspekt, der nicht unwesentlich war bei der Entscheidung für oder gegen einen Vollzeithund.
Aber irgendwann stand fest: Ich bin nun bereit, mehrere Stunden des Tages zu investieren, um meine schöne, vierbeinige Freundin – und damit ganz nebenbei auch mich – glücklich zu machen!

Und da kommt so ein selbsternannter Hundetrainer daher und lästert über mich!
Ich hatte dieses Herr(s)chen schon mehrfach erlebt. Es hat die Angewohnheit, jede einzelne Bewegung sämtlicher Vierbeiner auf der Hundewiese zu analysieren. Um die gewonnenen Erkenntnisse dann in Bühnenlautstärke zum Besten zu geben. Aber dass der Typ jetzt auch noch anfängt, die Zweibeiner zu kategorisieren, geht mir dann doch ein wenig zu weit.

17 Eine äußerst beliebte Hunderasse bei der Wahl des hässlichsten Hundes der Welt. Seit den 70er-Jahren findet dieser Wettbewerb jährlich im kalifornischen Petaluma statt.

18 anspruchsvoll, betreuungsintensiv

Zum Glück ist die Hundewiese groß und so gesellen wir uns zu einer kleinen Gruppe am anderen Ende des Platzes.
Ein Herr im Jägerlodengrün, der einen rassigen Deutsch Kurzhaar-Rüden bei sich führt, spricht mich an:
„Ah, ein junger Weimaraner! Werden Sie ihn jagdlich ausbilden?“
„Nein, ich bin keine Jägerin“, entgegne ich freundlich.
„Aaaach sooo …“, kommt es langgedehnt und vielsagend zurück, „aber Sie wissen schon, dass Weimaraner Vorstehhunde sind und bis vor kurzem nur an Jäger abgegeben wurden!?!“
„Jooh …“, erwidere ich. Irgendwie fehlt mir heute die Lust am Diskutieren.
„Also, ICH bin mit meinem Jago jeden Samstag in der Eifel auf der ‚Jacht‘. Da kann er seinen Instinkt ausleben.“
Aus dem Augenwinkel beobachte ich, wie Freund Jago auch in diesem Moment nichts anderes tut: In Nullkommanichts überquert er die komplette Hundewiese und verschwindet im angrenzenden Unterholz.
Lächelnd blicke ich zu Klein-Audrey hinunter, die ohne Leine brav neben mir sitzt. Dann blinzele ich Jagos Herrchen an:
„Ach ja? Und was macht Jago so die anderen sechs Tage in der Woche?“
Argwöhnisch mustert der „Waldmeister“ erst mich, dann seinen Hund.
Und sieht – nichts.
„HIIIIIIIIIIIIIERHER! SOOOOOOOOOOOOOFORT! BEIIIIIIIIIIIII FUUUUUUUUUUUUUSSS!“
Ich nutze die Gelegenheit, mich mit Audrey aus dem Staub zu machen.

Was soll ich sagen?
Da bist Du bisher in Deinem Leben von Helikopter-Müttern verschont geblieben und musst Dich plötzlich mit lauerndem Unterton fragen lassen: „Ist Ihr Hund jagdlich geführt?“
Natürlich weiß ich, dass die Freude am Jagen in jedem Weimaraner steckt. Und auch mein Mädchen und ich haben unsere speziellen Orte – ich nenne sie „Abenteuerspielplätze“ – an denen wir gemeinsam nachschauen, was die Häschen und die Mäuschen so machen.
Obwohl es in meinem Freundeskreis auch einzelne Jäger und Jagdbesitzer gibt, würde ich Audrey allerdings nicht auf eine Jagd mitnehmen. Denn das wäre in etwa so, als würde man mich eine ganze Nacht lang im Lager von „Haribo“ einsperren. (Danach würde ich mir zwar schwören, nie wieder Süßigkeiten anzufassen, hätte diesen Vorsatz aber spätestens nach drei Tagen wieder vergessen).
Nein, die „ganze Jagdwelt“ wird mein Weimaraner nicht erleben, doch ich bin zuversichtlich, ihn mit Aufmerksamkeit und Abwechslung, eben mit meiner Zeit glücklich machen zu können.

Freilich bin auch ich sensibilisiert für die stetig wachsende Begeisterung hundeaffiner Menschen für den Weimi. Auch mich sprechen ständig Menschen auf dieses Luxusgeschöpf an. Interessanterweise sind es vor allem Paare und häufig ähneln sich diese Begegnungen:
Nachdem die Dame uns entdeckt hat, raunt sie ihrem Mann zu: „Das ist der Hund!“
Woraufhin meist er mich anspricht: „Das ist doch ein Weimaraner, oder?“
Ich bestätige dem Herrn seine Sachkenntnis und weiß schon, was jetzt kommt:

„So einen will ich haben“, fordert die Frau.
Genau hier setzt dann regelmäßig mein Beschützerinstinkt ein, denn ich möchte einfach dazu beitragen, dass Weimaraner nicht in Tierheimen landen, weil sie nicht zu handeln sind. Weil ihre Besitzer sich da etwas anderes vorgestellt haben und auch der Hundepsychologe es nicht schafft, diese „schrecklichen Neurosen“ des Hundes in den Griff zu bekommen.
Das ist genau der Grund, warum ich Weimaraner-Interessenten dann immer freundlich, aber bestimmt informiere:
„So drei, vier Stunden am Tag müssen Sie mit dieser Rasse schon einplanen. Die Hunde sind nämlich sehr unternehmungsfreudig.“
Bisher wurde zum Glück nur einmal nachgefragt. Aber die Frage hatte es in sich …:
„Kann man einen Weimaraner denn auch zum Shoppen mitnehmen?“

Wie der Herr …

„Sie sehen exakt aus wie Ihr Hund."
„Oh, wie lieb von Ihnen! Sie meinen, ich habe kein Gramm zu viel, bei mir sitzt alles an der richtigen Stelle, selbst mein Haar? Viiiiiiiiiiielen Dank!!!"
Ja, genauso würde ich reagieren, wenn jemand in dieser Weise über die Ähnlichkeit zwischen Audrey und mir reden würde.
Tut aber keiner.
Zumindest nicht, was Äußerlichkeiten angeht.
Mein Liebling meint lediglich, mein Hund sei genauso willensstark wie ich. Beide wollten wir immer mit dem Kopf durch die Wand – oder durchs Unterholz – und beide seien wir ganz schön durchgeknallt.
Irgendwie empfinde ich auch das als Kompliment …

Aber bleiben wir erst einmal bei den Äußerlichkeiten: Wir kennen sie alle, diese Mensch-Hund-Paarkonstellationen, bei denen wir sofort sagen: „Die beiden gehören zusammen!"

Es gibt sogar ein Mensch-Hund-Memory, bei dem ähnlich aussehende Paare gefunden werden sollen. Meine Freundin Steffie hat mir dieses Spiel bei einer meiner Vorpremieren im April 2020 geschenkt.

„Wie, da war doch Lockdown?“, denkt Ihr jetzt wahrscheinlich. Genau, sowohl die Vorpremieren als auch die für Mai geplante Premiere meines neuen Programms wurden gecancelt. Allerdings musste ich mich einerseits bereithalten für die mögliche Premiere im Juni, andererseits weiter motiviert bleiben für dieses Projekt, in dem ein ganzes Jahr Arbeit steckte. Meine Lösung: Ich lud einzelne Freunde in meinen Probenraum ein und präsentierte ihnen die Show in gebührendem Abstand. Auf diese Weise konnte ich mein Programm vor immerhin einem Zuschauer proben und gleichzeitig weiter daran feilen. Plus: Es wurde viel gelacht und damit aktiv der Corona-Depression getrotzt!

Tja, und eines meiner Vorpremierchen[19] war dieses Spiel „Siehst Du aus wie Dein Hund?“ Der Brite Gerrard Gethings hat dafür Menschentypen und Hunderassen fotografiert, die man einander wirklich leicht zuordnen kann. Eine lustige Sache – wenn auch eigentlich Fake. Denn der Fotograf setzte zuerst die sehr unterschiedlichen Hunde in Szene und suchte dann Menschen auf der Straße, die diesen Vierbeinern ähnelten, holte also nicht ihre Besitzer vor die Linse. Ich bin sicher: Mit noch eingehenderer Recherche hätten sich genauso gute Tandems aus echten Mensch-Hund-Paaren finden lassen!

Laut wissenschaftlicher Umfragen an der University of California, San Diego und der japanischen Kwansei Gakuin Universität

19 …auch „Toi, Toi, Toichen“ genannt. Das sind die kleinen Geschenke, die wir als Künstler zu solchen Anlässen bekommen und die uns Glück bringen sollen.

ist der Grund für die Ähnlichkeit zwischen Herr und Hund ein simpler: Wir Menschen suchen uns nämlich unser Haustier unbewusst von vornherein danach aus, dass es auch optisch zu uns passt. Deshalb sind es vorwiegend reinrassige Hunde, die ihren Besitzerinnen ähnlich sehen. Denn bei Mischlingswelpen weiß man ja nie so genau, was am Ende aus diesen bezaubernden Wundertüten wird.

In einem weiteren Experiment an der japanischen Uni fand man dann heraus, dass wir Menschlein uns unbewusst Hunde mit einer ähnlichen Augenform wie unserer eigenen aussuchen.

So, Leute, entschuldigt uns bitte für einen Moment: Audrey und ich müssen mal kurz vor den Spiegel!

Es ist immer wieder lustig zu beobachten, wie Hunde ihr Antlitz im Spiegel ignorieren, oder? Nachdem sie sich als Welpe mal fürchterlich erschrocken haben über den fremden Hund, der da plötzlich vor ihnen stand, und ihn beim nächsten Mal kräftig angebellt haben. Als erwachsener und aufgeklärter Hund blickt Audrey heutzutage einfach über sich selbst hinweg und sieht stattdessen ihr Frauchen im Spiegel an.

Ja, den Gallupschen Spiegeltest[20] haben unsere Hunde, im Gegensatz beispielsweise zu Schimpansen und Tauben!, nicht bestanden. Der plausibelste Grund dafür ist, dass unsere Kaniden sich in erster Linie auf das verlassen, was sie riechen und hören und nicht auf das, was sie sehen. Sie machen also ihre Identität an ihrem Hör- und Geruchssinn fest. Und da gibt der Spiegel nichts her, er passt einfach nicht in die Erlebniswelt des Hundes. Manchmal wünschte ich mir ein Hund zu sein, das würde mir beim morgendlichen Blick in den Spiegel viel Leid ersparen …

20 Experiment zur Selbstwahrnehmung von Tieren, durchgeführt von Gordon G. Gallup.

Wo waren wir stehengeblieben?
Ach ja, bei der Ähnlichkeit zwischen Mensch und Hund – die sich ja nicht nur auf reine Äußerlichkeiten beschränkt. Auch das Verhalten und selbst der Gesichtsausdruck nähern sich bei manchen Tandems einander verdächtig an. In unserer direkten Nachbarschaft gibt es gleich zwei solcher Pärchen:
Ein Herrchen, das mit seinem Hund fast den ganzen Tag in einem Café verbringt und beobachtet, was auf dem Bürgersteig so los ist. Dabei schauen Herr und Hund den Passanten synchron entgegen und hinterher!
Das zweite Paar sind eine sehr kleine, ältere Dame mit braun gefärbten Haaren und ihr niedlicher, brauner Chihuahua. Immer wenn Frauchen Bekannte trifft, ruft sie ganz laut „HUUUUU-UHUUUUUU!“ Zeitgleich wufft ihr kleiner Begleiter – interessanterweise ein paar Tonlagen tiefer als sie.
Mmmmh, ich überlege gerade, wann Audrey und ich uns in Gesichtsausdruck und Verhalten wohl besonders ähneln … Wahrscheinlich beim Anblick von Spaghetti!

Raus in die Natur

Mit Hund kommst Du der Natur näher. Er stupst Dich mit der Nase an und lässt Dich wissen, dass Du den Laptop mal links liegen lassen solltest, um neue Energie zu tanken. Und um mit ihm gemeinsam im Unterholz nach dem Rechten zu sehen.
Selten habe ich so viel Outdoor-Sport gemacht wie mit Lola und Audrey – ob Joggen, Walken, Biken, Yoga, Schwimmen oder Stand-up-Paddling auf dem See.
Natürlich kann man alle diese Sportarten auch allein betreiben. Aber wie heißt es so schön, frei nach Loriot: „Ein Leben ohne Weimaraner ist möglich, aber sinnlos.“[21]
Wenn ich keinen Hund hätte, käme ich sicherlich auch nicht auf die Idee, so oft im Wald spazieren zu gehen. Ha, mein Vierbeiner hat also noch einen weiteren Beruf: Gesundheitstherapeut! Denn die gesundheitliche Wirkung des Waldes ist wissenschaftlich belegt: Wusstet Ihr, dass Waldluft 90 Prozent weniger Staubteilchen enthält als Stadtluft?

21 Okay, im Original ist der Mops der King : „Ein Leben ohne Mops ist möglich, aber sinnlos.“

Inzwischen gibt es viele Studien, die belegen, dass regelmäßige Waldbesuche sich positiv auf unser Herz-Kreislauf-System auswirken und bei Depressionen, psychischen Stressbelastungen und Burnout helfen können. Allein der Anblick von Bäumen wirkt messbar positiv. Mal salopp ausgedrückt: Der beruhigende Anteil unseres Nervensystems, der Parasympathikus, wird aktiviert und wirkt dem Action-Teil, dem Sympathikus, der vor allem bei uns Städtern gern mal dominiert, entgegen.
Ein Waldspaziergang stärkt unser Immunsystem auch, indem wir sogenannte Terpene einatmen. Das sind Stoffe, mit denen Pflanzen untereinander Botschaften austauschen!
Da muss ich sofort an meinen Lieblingsort im Kölner Forstbotanischen Garten denken: Dort gibt es einen Waldweg, der von synchron angeordneten, sehr hohen, „langbeinigen" kalifornischen Mammutbäumen gerahmt wird. Immer, wenn ich dort mit Audrey spazieren gehe, habe ich das Gefühl, die Bäume schauten uns dabei zu und kommunizierten untereinander! Was mir jedes Mal ein undefinierbares Gefühl gibt, der Geborgenheit ähnlich. Auch wenn ich nicht zu den Menschen zähle, die Bäume umarmen: Die Kraft und positive Energie, die von diesen Lebewesen ausgeht, haut mich jedesmal wieder um.

Vom Wald auf die Hundewiese:
Meinen Peak hatte ich dort während des ersten Lockdowns zwischen März und Mai 2020. Da war ich im Schnitt zwölfmal am Tag bei diesen ungezwungenen Hundetreffen. Denn es war ja wichtig, dass die Tiere ihre Sozialkontakte pflegen konnten … DIE durften ja! DIE hatten keine Kontaktsperre!
Seid ehrlich: Wir haben es doch alle gemacht! Wie im Zirkus haben wir im Riesenkreis um unsere Hunde herumgestanden und uns Dinge zugerufen wie:
„Und was ist das für eine Rasse?"

„Wie alt ist er denn? Oder ist es eine ‚sie'?"
„Ah, das ist der Polizist in der Runde!"

Leute, ich hätt' mir fast ein Megafon gekauft!
Einmal habe ich ein Frauchen telefonieren hören: „Ja, mir geht es *sehr* gut: Ich hab` gerade Sozialkontakte!!!"
Ja, das hat uns allen gut getan. Und man hat sooo nette, neue Leute kennengelernt, intensiver als sonst – trotz fehlenden Körperkontakts! Einfach, weil wir alle mehr *Zeit* hatten!

Weil meine Freundinnen mich so beneidet haben, habe ich ihnen Audrey dann zum „Gassigehen" ausgeliehen … und irgendwann hat sich daraus ein Geschäftsmodell entwickelt und *fremde* Leute sind mit Audrey Gassi gegangen …
Da war wirklich eine Riesennachfrage!
Teilweise ist mir das richtig über den Kopf gewachsen. Einmal hatte ich versehentlich eine *Vierfach*-Buchung für Audrey!
Gut, jetzt hab ich die Gassi-App, da kann mir das nicht mehr passieren. Aber damals musste ich mir echt was einfallen lassen. Ich hab also die gesamte Nachbarschaft abgeklappert und hinterher hatte ich einen Dackel, einen Yorkshire Terrier und – eine Nacktkatze.
Mannomann, das war gar nicht so einfach, die den Leuten als Weimaraner zu verkaufen … aber ich glaub, das war denen dann auch egal. Die hätten auch einen Wellensittich genommen. Hauptsache raus!

Aber jetzt mal ehrlich: Mir sind inzwischen sämtliche Grünflächen in und um Köln vertraut.

Durch Audreys Mama Lola hatte ich seinerzeit sogar einmal eine alte Burg entdeckt, die nur zwei Kilometer von uns entfernt liegt und von der ich bis dahin nichts wusste. Gut, auf dem Weg dahin hat Lola mich durch drei Hecken gezogen …

Auch Gerüche nehme ich jetzt viel intensiver wahr: den Geruch von frischgemähtem Gras, den Duft von Lavendel – Oleander – Jasmin, die frische Brise an unserem geliebten See und mittendrin eine Note von – Fischkadaver!

Ja, dann weiß ich: Madame ist mal wieder auf Parfum-Shoppingtour gegangen.

Sie macht das ja nur, um anderen Hunden mit ihrem einzigartigen Geruch zu imponieren. Das ist doch verständlich: Wir Frauen hören es schließlich auch gerne, wenn jemand zu uns sagt: „DU hast aber ein tolles Parfum! Das passt super zu Dir!"

Genauso geht es den Hunden, der Geruch von Hundeshampoo reicht ihnen nicht. Im Gegenteil! Der eigene Geruch ist für sie, was der Ferrari für den Mann und die Louboutins für die Frau sind. Deshalb wälzt sich Audrey in totem Karpfen…

Ich nenne es „Parfum auflegen".

Bei mir heißt es auch nicht Kottüte, sondern Gassibeutel.
Wenn Audrey die Autofenster verschmiert, nenne ich das Hundenasenkunst.
Und wenn sie an Straßenlaternen schnüffelt und leckt, liest sie halt die Zeitung.

Ja, man muss sich die Dinge schönreden …

Dreckig oder Footprint?

Audrey hat letztens mein Hoodie locker dreißig Euro wertvoller gemacht!
Ihr wollt wissen, wie?
Gerade hatte ich das hellblaue Lieblingsteil frisch angezogen. Irgendwann hat man schließlich die Nase voll von dunklen Sweatern, Jeans und Gummistiefeln.
Wir beide starten also zum Walken, Audrey strotzt mal wieder nur so vor Lebensfreude. Im Überschwang der Gefühle springt sie mich an. Ein netter Herr, der uns gerade mit seinem Hund entgegenkommt, kommentiert lachend: „Volltreffer!“
Nichts Gutes ahnend schaue ich an mir herunter: Madame hat einen Riesen-Footprint mitten auf meinem Bauch platziert.
„Da zahlen andere viel Geld für“, konstatiert mein freundliches Gegenüber, wahrscheinlich um mich zu trösten.
Ja, so muss man es wohl sehen …

Tatsächlich findet man im Internet eine Riesenauswahl an Kleidungsstücken speziell für Hundeliebhaber. Da werden T-Shirts, Sweater, Jacken, Kleider, Röcke, Hosen, Taschen, ja sogar Schuhe angeboten, die mit Pfoten, Hundenasen oder auch ganzen Hunden bedruckt sind. Dazu lustige Sprüche rund um unsere Lieblinge wie „Vorsicht vor dem Frauchen – der Hund ist harmlos“ oder „Leave me alone – I am only talking to my dog today“.

Manchen reicht auch schon ein harmloses „Wau“. Wieder andere bekennen sich mit dem T-Shirt-Aufdruck eindeutig zu ihrer Mutterrolle, denn auf ihrer Brust steht „Hundemama“.

All diese Statements lassen wir Hundenarren uns gerne etwas kosten.

Tja, und ich habe jetzt halt ein ganz individuelles Exemplar – das Design einer Künstlerin, die gerade vermeintlich schuldbewusst vor mir sitzt und die Ohren fast bis zum Boden hängen lässt. Und genau weiß, dass ich ihr bei diesem Blick gar nicht böse sein kann.

Wieso auch? Heutzutage müssen wir unsere Wäsche schließlich nicht mehr von Hand waschen. Das macht alles das größte Helferlein des gesamten Haushalts: unsere geliebte Waschmaschine!

Leute, stellt Euch vor, Herr Miele wäre nicht auf die grandiose Idee gekommen, aus einer Buttermaschine eine Waschmaschine zu machen! Das wär ein Spaß, jeden Tag nicht nur die verdreckten Deckchen, sondern auch die komplette Gassi-Kleidung aus dem heißen Zuber zu ziehen, um sie auf dem Waschbrett sauber zu rubbeln. Da bliebe vor lauter Waschen gar keine Zeit mehr zum Gassi gehen!

Jedenfalls: Seitdem ich einen Hund habe, dreht das Trömmelchen sich Tag für Tag. Was absolut nicht heißt, dass ich stets mit sauberen Klamotten unterwegs bin. Im Gegenteil, ich erwische mich immer öfter bei dem Gedanken: „Och, das geht doch noch. Das kann ich ruhig nochmal anziehen."

Hunde machen unsere Welt halt dreckiger – aber dafür viel entspannter und schöner!

Furry

Es kann von Vorteil sein, wenn man manches ohne Lesebrille nicht mehr erkennt.
Nein, ich meine jetzt nicht die Falten.
Ich meine die Hundehaare.
Die selbst ein Weimaraner verliert. Gut, es sind nicht sehr viele; meist nehme ich sie bewusst nur dann wahr, wenn ich Audreys Deckchen gewaschen habe, sie zum Trocknen aufhänge und auf dem Boden des hellblauen Waschkorbs ein paar kurze, graue Haare entdecke. (Ja, die sehe ich noch ohne Brille!).
Es wäre also Klagen auf hohem Niveau.
Wenn ich gar keine Tierhaare im Haus haben wollte, hätte ich mir besser einen Fisch angeschafft. Die schuppen nur … Oder eine Bartagame, ein sehr pflegeleichtes Reptil, das aussieht wie ein kleiner Drache und sich besonders für Allergiker eignet. Vorausgesetzt, Herrchen macht es nichts aus, dem possierlichen Tierchen dabei zuzusehen, wie es ausschließlich lebendes Futter verspeist. Dann doch lieber ein paar Weimaraner-Haare!

Ich habe auch andere Zeiten erlebt, vor allem mit Teilzeithündin Lyra. Was ein Cuvac so an Haaren verliert, geht auf keine Kuhhaut – okay, vielleicht höchstens auf die eines schottischen Hochlandrinds. Mein Staubsauger war im Dauereinsatz und ich erinnere mich, wie stolz ich einem ehemaligen Fisternöllche[22] meinen frisch restaurierten Mini präsentiert habe. Lyra war zu diesem Zweck mit aus dem Auto gesprungen und der Beau schaute, ich sag mal „leicht angespannt" auf das weiße Fell, das das Hundemädchen auf den Rücksitzen hinterlassen hatte. Da weiß man doch gleich, dass der eh nicht der Richtige gewesen wäre! Überhaupt: Wenn mich einer vor die Wahl stellen würde: „Ich oder der Hund!": Ich glaube, ich würde zwischendurch an ihn denken – beim Gassi gehen …

Mein Hund ist jedenfalls, was sein Fell betrifft, sehr pflegeleicht, die Begriffe *Bad-hair-day* und *Dresscode* gehören nicht zu Audreys aktivem Wortschatz. Eigentlich muss sie nur gebürstet und gelegentlich geduscht werden und schon ist sie beneidenswert tadellos gestylt. Dass sie kein Unterfell hat, ist im Sommer von Vorteil – auch wenn ich die doppelte Menge meiner kostspieligen Sonnencreme aus der Apotheke benötige, um die kleine Sonnenanbeterin mitzuschützen. Sinken die Temperaturen unter minus zehn Grad, habe ich das Gefühl, dass mein Weimaraner sich nach seinem schicken Mäntelchen in taupe geradezu sehnt. Jedenfalls kracht sie mit der gleichen Lebensfreude wie immer davon, wenn sie das Teil trägt.

Offensichtlich haben es nicht alle Hundebesitzer mit ihren Fellkindern so leicht wie ich – davon zeugen unter anderem die kiloweisen Fellbüschel auf der Hundewiese, die Audrey immer schnuppern und mich schmunzeln lassen.

22 Kölsch für Verhältnis

Ich habe gelesen, dass Hunde mit krausem Haar nicht so stark haaren, weil die ausfallenden Haare an den anderen hängenbleiben und das Tier erst beim Bürsten verlassen – wie praktisch! Funktioniert das auch bei Menschen? Dann hätte ich gerne krauses Haar und würde es einfach nicht so oft kämmen!
Manche Hunde haben einen regelrechten Teppich um sich herum und stolpern mit den Pfoten über ihr Fell. Andere müssen Häubchen tragen, damit ihre langbehaarten Ohren nicht im Futter hängen. Für den Waldspaziergang werden sie in Schutzanzüge gesteckt, denn es könnte ja Laub im Fell hängenbleiben. Es gibt Leute, die schlagen alternativ den Einsatz einer Schere vor. Den Tipp finde ich gut. Sollte allerdings jemand mit der Schere genauso ungeschickt umgehen wie ich mit dem Kochlöffel, gibt es ja noch eine Alternative: Hundefriseure! Die sogar während des dritten Lockdowns geöffnet hatten, denn ihre Tätigkeit wurde als Handwerksleistung deklariert. Während unsere Mähnen also weiter wuchsen, durften Hunde rasiert, geschnitten und gestylt werden. Hunde UND ausgesuchte Profikicker. Die waren sicherlich auch beim Hundefriseur …
Audrey dagegen braucht weder Kontinental- noch Löwenschnitt und auch eine Haarschleife macht bei ihr keinen Sinn. Weimaraner eignen sich zum Glück auch nicht für die vorwiegend in den USA stattfindenden Hundeshows, bei denen die Vierbeiner mit Zöpfen, Strähnen und bunt gefärbtem und rasiertem Fell ausgestellt werden. Für den in Taiwan erfundenen Würfel-Look-Trend, bei dem das arme Tier einen vierkantigen Haarschnitt am Kopf bekommt, kann man den Weimi ebenfalls nicht missbrauchen. Abgesehen davon, dass der eh nicht stundenlang stillhalten würde, um sich Fantasie-Frisuren verpassen zu lassen!
Ich erinnere mich daran, dass mir schon als kleines Mädchen Pudel mit teilweise kahl rasiertem Körper in Kombination mit einer Löwenmähne und Puscheln an den Beinen leidtaten. Da

wusste ich aber noch nicht, dass Hunde sich nicht im Spiegel erkennen und folglich wegen ihres Aussehens nicht schämen können.

Vierstellige Summen jährlich sollen manche Hundebesitzer allein für die Fellpflege ihres Lieblings ausgeben.

Da schicke ich meinen Weimaraner doch lieber unter die Dusche, wenn sein aktuelles Parfum mir mal nicht zusagt! Und freue mich, wie schnell das Tier anschließend wieder trocken ist. Denn auch ein nasser Hund riecht bekanntlich nicht nach Rosen.

Alternativ zur hauseigenen Dusche oder Badewanne kann man seinen Liebling in einigen Städten Deutschlands inzwischen auch in eine Hundewaschanlage bringen, ein Service, den ich zum ersten Mal in Australien gesehen habe. Es ist quasi ein Abwasch: Während der Wagen durch die Waschanlage geht, verwöhnt Herrchen seinen Vierbeiner in der Hundedusche. Statt Felgenwäsche gibt es spezielles Pfotenshampoo und während des abschließenden Glanzshampoo-Programms erhält der Wagen sein Hochglanzfinish. Das Schöne: Die Limousine wird nach der kostspieligen Intensiv-Innenreinigung erst nach dem nächsten Hundespaziergang wieder schmutzig.

Erwähnt werden muss an dieser Stelle ein für mich absolutes No-Go: vollautomatische Hundewaschanlagen. Die Hunde sitzen 34 (!) Minuten angekettet in einem abgeschlossenen, engen (Plexi-)Glas-Gehäuse, während sie, wie in einer Spülmaschine, bespritzt, geseift und gebläst werden. Selbst wenn Frauchen die ganze Zeit daneben sitzt: Der Hund kann sie wegen der beschlagenen Scheiben kaum sehen. Mein Vorschlag: Steckt das Frauchen bitte das nächste Mal zuerst in den Kasten!

Und dann wären da noch die sogenannten hypoallergenen Hunderassen, also die Hunde, die sich für Allergiker eignen sollen. Allen voran der extra gezüchtete Labradoodle, eine Mischung aus Labrador und Pudel.

Deutschlands größte Tierrechtsorganisation PETA vertritt die Ansicht, es gäbe keine Allergikerhunde.
Viele von Euch, die vielleicht selbst betroffen sind, wissen sicherlich, dass Allergiker keine Tierhaarallergie haben, sondern dass die Allergien von Eiweißbausteinen in Speichel, Talg- und Schweißdrüsen des Tieres ausgelöst werden. Diese Allergene, die beispielsweise durch das Lecken des Fells in die Umwelt gelangen und sich mit der Luft verbinden, setzen sich gerne in Kleidungs- und Möbelstücken fest.
Die Lösung könnte demnach höchstens lauten, einen Hund ohne Speichel, Talg- und Schweißdrüsen zu züchten. Aber ich will jetzt hier mal keine schlafenden Hunde wecken …
Selbst der Erfinder des Labradoodles, der Australier Wally Conron, bereute die Züchtung schon nach kurzer Zeit, denn diese Hunde erwiesen sich als anfällig für Krankheiten wie Hüftdysplasie, Gelenkprobleme und schmerzhafte Verfilzungen des Fells. Nicht zuletzt dadurch, dass sie von gewinnorientierten und rücksichtslosen Züchtern am Fließband produziert wurden.
O-Ton Conron: „Ich habe die Büchse der Pandora geöffnet und Frankensteins Monster freigelassen.“
Harter Tobak …
Zum Schluss deshalb etwas Positives: Es gibt Studien, die belegen, dass Kinder, die mit Haustieren aufwachsen, in ihrem Leben weniger zu Allergien neigen.
Also: Nur kein Desinfektionstuch zücken, wenn der Golden Retriever dem Vierjährigen mal wieder mitten durchs Gesicht geleckt hat!

Audrey frisst nicht

Audrey nimmt neuerdings nur noch Wild.
Ich meine natürlich in ihrem Napf. Nicht, dass es da zu Missverständnissen kommt, nur weil es sich bei ihr um einen Jagdhund handelt.
Wie konnte es so weit kommen?
Wer einmal erlebt hat, dass sein Hund nacheinander an Durchfall, Appetitlosigkeit, Erbrechen und schließlich totaler Futterverweigerung leidet und binnen vier Tagen 15 Prozent seines, eh schon grenzwertigen Körpergewichts verliert, gibt auf und sucht die Tier-Notklinik auf.
Und wenn der Vierbeiner dann im nicht unerheblich dreistelligen Kostenbereich gespritzt, geröntgt und gedopt wurde und es ihm langsam besser geht, dann ist der Moment gekommen. Dieser Moment, in dem Du bereit bist, Deinem Hund feinstes Kobe-Filet zuzubereiten, Hauptsache, er frisst wieder!
Ja, und so kommt es, dass Audrey nun das teuerste Gericht aus dem Sortiment meines bevorzugten Hundefutter-Herstellers ser-

viert bekommt. Denn was anderes kommt ihr von jetzt an nicht mehr in den Porzellannapf, da geht sie lieber in den Hungerstreik. Letztens habe ich es nochmal mit ordinärem Trockenfutter versucht, dessen Kilopreis allerdings ebenfalls knapp unter dem eines Kleinwagens liegt.
Den verächtlichen Blick meines Hundes vergesse ich nie:

Das ist doch nicht Dein Ernst, Sylvie, mir nochmal SOWAS vorzusetzen? Hey, ich weiß jetzt, wie meine Menükarte aussehen kann. Sei ein liebes Frauchen und tu das Zeug weg. Und dann bring mir was Anständiges!

Mein Hund weiß halt, was gut ist.
Und schlägt damit eindeutig nach seinem Frauchen.
Wenn ich beispielsweise shoppen gehe, suche ich die Kleiderstangen in Geschäften zuerst nach Farbe und Material ab. Steht mir der Farbton, wie fühlt sich der Stoff an? Spricht mich etwas an, begutachte ich den Schnitt, die Verarbeitung und etwaige, witzige Accessoires. Besteht das Teil diesen Check, probiere ich es an, und wenn es mir gefällt, beschließe ich es zu kaufen. Auf dem Weg zur Kasse fällt mir dann ein, dass ich noch gar nicht auf das Preisschild geschaut habe. Meist hänge ich das gute Stück dann möglichst unauffällig zurück, weil es völlig „out of my budget" ist.
Was Audreys Nahrung angeht, sitzt mein Portemonnaie erheblich lockerer.
Ich fürchte, ich habe mir da ein verwöhntes Kind mit Fell herangezogen…
Na, Hauptsache, mein Hund kommt nicht als Nächstes auf die Idee, in Zukunft nur noch vegane Biokost anzunehmen.

Die Sache mit dem Blut

Mein kleiner Hund blutet!
Im ersten Moment denke ich, aus meinem Mädchen sei nun eine Frau geworden. Aber nein, die Lady ist mal wieder mit ihren langen, flatternden Ohren durchs Gestrüpp gefegt und hat sie sich diesmal ordentlich geratscht. Aufgefallen war mir das erst an den Blutspuren in ihrem Körbchen.
Während ich meine Patientin mit antiseptischem Spray versorge, fällt mir ein, dass das eigentlich mein vorbestimmter Weg war. Denn, wie so viele kleine Mädchen, wollte ich ursprünglich Tierärztin werden. Wie es auch mein Großonkel Hubert war, den ich schon als Vierjährige so sehr bewunderte. Dem wir alle meine Tiere in seine Praxis im Düsseldorfer Süden brachten: von Wellensittich Burli – er verdankte seinen Namen der österreichischen Verniedlichungsform von „kleiner Junge“ – bis hin zu Dackel Benny.
Nur einmal war ich sehr enttäuscht von meinem Onkel: Ich muss etwa fünf gewesen sein und wir hatten ihn in seiner Praxis be-

sucht, weil Burli neuerdings immer so müde war. Onkel Hubert sagte mir, wir könnten Burli leider nicht wieder mit nach Hause nehmen, weil er jetzt im Vogelhimmel sei. Dann wollte er mir, wie immer bei unserem Besuch, ein Bonbon geben. Meine Antwort darauf fiel gnadenlos aus: „Wenn Du meinen Burli nicht gesund machen kannst, kannst Du auch Dein Bonbon behalten!“ Ja, ich war eben schon damals nicht käuflich.

Aber wieso war ich nun eigentlich nicht Tierärztin geworden? Das wäre doch toll gewesen, eines Tages in die Fußstapfen von Onkel Hubert zu treten und vielleicht irgendwann seine schöne Praxis im gepflegten Benrather Musikantenviertel zu übernehmen.
Die Sache hatte einen Haken: Ich kann kein Blut sehen.
Bei jeder Spritze, die ich bekomme, werde ich fast ohnmächtig. Deshalb lasse ich mich auch nur noch im Liegen spritzen. Das erspart dem Personal Unannehmlichkeiten.

Dazu kam damals: Als ich alt genug war, zu begreifen, was mein Onkel Hubert bei seinen regelmäßigen Besuchen in Schlachthöfen so zu sehen bekam, verging mir schnell die Lust an dem Job. Und ein neuer Traumberuf drängte sich vor: Tänzerin wollte ich werden! Sehr zum Leidwesen vor allem meines Vaters. Wofür hatte seine Tochter Abitur gemacht? Um als Hupfdohle auf den Bühnen der Welt unterwegs zu sein?
So bin ich also Künstlerin geworden. Nun hat man als Theatermensch meist tagsüber mehr Zeit als abends. Da war also Platz, zumindest für einen Teilzeithund. Da die Geschichten, die ich mit Lola erlebte, oft Kabarett pur waren, kam ich auf die Idee, ein Hundeprogramm zu schreiben. Auf diese Weise bin ich also auf Umwegen doch noch dazu gekommen, Tiere in mein Arbeitsleben einzubinden.

Wer hätte gedacht, dass ausgerechnet ich einmal ein Buch über Hunde schreiben würde?
Wenn ich manchmal auf der Hundewiese besonders netten Frauchen und Herrchen eine von meinen Leckerli-Tüten zur Show[23] gebe, fragen manche: „Sind Sie Hundetrainerin?“
„Nein, ich bin ein ganz normales Frauchen und mache sicherlich vieles falsch in der Erziehung meines Hundes.“
Sehe ich mir mein Mädchen aber dann so an, denke ich manchmal stolz: „Alles können wir beide nicht falsch gemacht haben.“

23 Die kleinen Tütchen, versehen mit dem Label zur Show und gefüllt mit getrocknetem Bio-Huhn, gibt es immer für alle Gäste am Ende des Programms für ihre lieben Hunde zuhause.

Aus dem Tierschutz

„Die sind alle aus dem Tierschutz."
Dieser Satz des sympathischen Frauchens bestätigt, was ich mir beim Anblick der drei niedlichen Gesellen schon gedacht habe. Und SCHWUPS! meldet sich wieder das schlechte Gewissen in mir.
„Du und Dein eigens gezüchteter Weimaraner, Sylvie!", flüstert es mir ins linke Ohr.
Um dann weiter zu bohren: „Du weißt doch, wie viele arme Wesen es gibt, die auf ein schönes Zuhause warten. Die in Übergangs-, Pflege- oder Tötungsstationen sitzen. Wieso hast Du nicht einen solchen Hund gerettet?"
Mein rechtes Ohr kontert mutig: „Das Schicksal hat mir halt erst Lola und dann Audrey zugespielt." Um dann kleinlaut hinzuzufügen: „Und wahrscheinlich hätte ich auch nicht den Mut zu einem Hund aus dem Tierschutz gehabt…"

Ihr lieben Menschlein, die Ihr – oft ehrenamtlich – für Tierschutzorganisationen tätig seid und so viel Leid mitbekommt, mit dem Ihr lernen müsst umzugehen.
Und all Ihr Lieben, die Ihr Hunde aus schlechten Bedingungen zu Euch nehmt: Ich empfinde tiefen Respekt für Euch! Dafür, dass Ihr Euch wochen-, monate-, jahre- oder gar lebenslang die Zeit nehmt, das Vertrauen teilweise völlig traumatisierter Tiere zu gewinnen und sie „gesellschaftsfähig“ zu machen.
Ja, ich bewundere Euch für Euren Einsatz für all diese geschundenen Geschöpfe.
Um diese Mammutaufgabe beneiden tue ich Euch nicht.

Meine Freundin Steffi beispielsweise hat zwei Zyprioten zu sich genommen. Es handelt sich hierbei um Malteser-Pudel-Terrier-und-so-weiter-Mixe, entzückende spitzverdackelte Wesen.

Audrey liebt es, die beiden zum Spaziergang zu treffen und tollt mit dem Größeren namens Chippie in Pfeilgeschwindigkeit über die Wiesen.
Der Kleinere – Benji, an Niedlichkeit kaum zu überbieten – wirkt äußerst zart und zurückhaltend.

Bis er auf einen Hund trifft, der ihm nicht zusagt: Urplötzlich wird aus dem süßen Wollknäuel eine keifende und hysterische Furie, die mich an einen Gremlin auf Ecstasy erinnert.
Klein-Benjis Verhalten hat zur Folge, dass Steffi sich völlig beschämt bei den Besitzern des Angekläfften entschuldigt. Während eines einstündigen Spaziergangs tut sie dies im Schnitt ein Dutzend Mal.
Das wäre mir, offen gestanden, zu anstrengend. Da bin ich doch dankbar für die einfache Handhabung meines Mädchens aus guten Verhältnissen.

Sie glänzt nicht

„Die glänzt GAR nicht!“
Mir stockt der Atem. Wie bitte? Mein Hund soll nicht glänzen?
„Aber Dein braunes Labrador-Schöttchen glitzert nur so in der Sonne vor lauter guter Ernährung und Pflege, ja? Also, wenn mein Hund so viel Fläche hätte wie Deiner, Frau Influencerin, wäre seine Chance zu glänzen auch viermal größer!“, denke ich und sage – nichts.
Zugegeben: Die gemütliche Amy hat wirklich ein beneidenswert glänzendes Fell …

Es ist zum Heulen. Da ernährt man sein Tier fast besser als sich selbst, gibt gar zweimal in der Woche ein rohes Eigelb ins Futter. Jeden Tag wird die Lady mit einer feinen Bürste aus Wildschweinborsten, deren Kaufpreis deutlich über dem meines gesamten Bürstensortiments liegt, gestriegelt.
Natürlich meidet man zu häufiges Abduschen, das Fell könnte ja austrocknen und stumpf werden. Und das selbst, wenn das

kleine Schweinchen sich mal wieder in Entenscheiße paniert hat. Und trotzdem ist Audreys Fell leider nicht wirklich *shiny*.

Grundsätzlich bin ich natürlich der gleichen Meinung wie alle Frauchens und Herrchens: „Mein Hund ist das schönste Tier im gesamten Universum."
Da sind wir uns doch alle völlig einig, oder?

Wie schaffen es diese Wesen eigentlich, sich so in unser Herz zu schleichen?
Wie gelingt es ihnen, uns die rosarote Brille aufzusetzen, die ihnen so ungemein hilft, ihre Interessen durchzusetzen?
Diese Brille, die uns Exkremente mit einem erleichterten Lächeln im Gesicht aufklauben lässt. Die uns liebevoll auf den Vierbeiner blicken lässt, wenn er genau diese vier Beine genüsslich auf der Wiese in die Höh' streckt? Um anschließend schlimmer zu müffeln als ein Jod-Schwefelbad?
Wie kommt es, dass wir „la vie en rose" sehen, obwohl das Bällchen, das wir gerade für unseren Liebling werfen, uns fast aus der Hand rutscht, so vollgesabbert ist es?
Ist es der berühmte Hundeblick? Die bedingungslose Treue, die der Fellträger uns entgegenbringt? Oder einfach nur das Gefühl, endlich verstanden zu werden?

Ich wollte es genau wissen und habe die Wissenschaft befragt. Was ich dazu gelesen habe, hatte ich schon befürchtet: Die Hormone sind schuld!
Genau genommen ein ganz bestimmtes, nämlich das Oxytocin, umgangssprachlich auch Kuschelhormon genannt.
Dieser sogenannte Botenstoff spielt, wie es heißt, auch eine ganz große Rolle für die Bindung zwischen Mutter und Kind, zum Beispiel bei der Geburt und beim Stillen.

Tja, und inzwischen gibt es Studien, die belegen, dass auch die Beziehung Frauchen-Hund – sorry, liebe Männer, sicherlich auch Herrchen-Hund – maßgeblich durch das Oxytocin beeinflusst wird.
Dessen Konzentration erhöht sich nämlich tatsächlich bei uns Menschen durch den viel zitierten Hundeblick!
Und bei unserem Hund, wenn wir ihn streicheln!
Die Wissenschaftler sprechen hier von einem Kreislauf. Mit anderen Worten: Wir schaukeln uns quasi gegenseitig hoch!
Und bei alledem haben unsere Sofawölfe im Zuge ihrer Domestikation[24] noch einen ganz miesen Trick gelernt, uns Menschleins dahinschmelzen zu lassen: Sie haben einen Muskel besonders trainiert! Nämlich DEN Muskel, der sie ihre innere Augenbraue anheben und dadurch noch unwiderstehlicher und süßer aussehen lässt!
Es gibt sogar Wissenschaftler, die reden vom Hund als einem „Parasiten[25]".
Also, Leute, seitdem ich DAS gelesen habe, beobachte ich mein Weimaranerlein ganz besonders aufmerksam. Denn wer will sich schon einen Schmarotzer ins Haus holen???
Während ich Audrey also argwöhnisch betrachte, schneide ich mechanisch Möhrchen und Zucchini in feine Streifen und gebe sie in das Bio-Rindergehackte, das ich gerade für mein Prinzesschen zubereite. Zwischendrin öffne ich dem Paketboten, der die langersehnte SUP[26]-Rettungsweste fürs Tier bringt. Wie immer darf Audrey das Paket auspacken und als ich ihr das neue Outfit zeige, denke ich plötzlich:
„Hah, hab' ich Dich erwischt! Die linke Augenbraue hast Du gerade angehoben, Du kleiner Parasit!!!"

24 … wie man die allmähliche Umwandlung von Wildtieren in Haustiere so nennt …
25 … also ein Tier, das sich auf Kosten eines anderen Lebewesens – und das wären in dem Fall wir Menschen – ernährt und fortpflanzt.
26 SUP = Stand-up-Paddling

Dreißig Sekunden später läuft mir vor lauter Entzücken fast das Herz über: Was sieht mein Mädchen hinreißend aus in seiner knallroten Schwimmweste!

Übrigens: Letztens habe ich mit der Tierärztin über Audreys Fell gesprochen.

Während sie meinem begeisterten Weimaraner über die Wirbelsäule strich, meinte sie:

„Ihr Fell kann gar nicht so glänzen, weil es einfach eine etwas rauere Struktur hat."

Tjaa, wahrscheinlich war da war wohl doch irgendwann einmal ein Wildschwein dabei …

Hund zu Besuch

„Wie minge Pitter sich vor zwei Johr durch de Koot jemaht hät, wor dat Marieche ming Rettung!“[27]
Die etwa ein Meter fünfzig große ältere Dame, mit der ich im Park ins Gespräch komme, blickt dankbar auf den niedlichen, cremefarbenen Mischling an ihrer Seite. Ihn schmückt ein mit Strass besetztes, hellblaues Halsband und Audrey und er beschnüffeln sich freundlich.
Ja, wieviel Trost und Lebensmut ein Hund in unglücklichen Zeiten spenden kann, hatte ich schon mit Lola am eigenen Leib erfahren …
Und je weiter die Lebenszeit voranschreitet, desto häufiger heißt es Abschied nehmen. Ich stelle fest: Inzwischen bin ich eindeutig häufiger auf Beerdigungen als auf Hochzeiten.

Wenn ich in Senioreneinrichtungen auftrete, freue ich mich immer ganz besonders, wenn Paare Händchen haltend vor mir

27 Ihr ahnt es sicherlich schon: Das ist Kölsch und bedeutet soviel wie: „Als mein Peter vor zwei Jahren verstarb, war das Mariechen meine Rettung.“

sitzen. Mal sind sie gemeinsam hier eingezogen, mal haben sie sich hier kennengelernt. Der Großteil der Bewohner dieser Seniorenzentren ist allerdings allein unterwegs. Manche wiederum leben nicht allein – denn neben ihnen sitzt ihr Hund.
Es ist wunderbar, dass immer mehr Einrichtungen Haustiere gestatten. Was eh schon alle sehen, belegen Studien: Hunde haben einen sehr positiven Einfluss auf die physische und psychische Gesundheit vor allem auch älterer Menschen. Sie regen zur Aktivität, zum regelmäßigen Spaziergang und zum Spielen an, sie erleichtern soziale Kontakte mit anderen Hundefreunden und vertreiben die Einsamkeit.
Und bei alledem haben diese Menschen etwas, was viele Jüngere nicht haben: nämlich Zeit! Sie widmen sich dem Tier intensiv, schenken ihm viel Aufmerksamkeit. Und mir ist kein Hund bekannt, der das nicht klasse findet!
Umso verwunderter war ich von der Geschichte einer sehr agil wirkenden Dame, die ihr weißes Haar in einem sportlichen Kurzhaarschnitt trug und stolz berichtete, ihre Funny sei schon 13 Jahre alt. Der kleine Hund wirkte kerngesund, sein Alter erkannte man höchstens daran, dass er schon ein wenig gemächlicher unterwegs war. Das Frauchen erzählte mir von ihrem Vorhaben, einen zweiten Hund anzuschaffen.
„Ich habe so viel herumtelefoniert, war auch in mehreren Tierheimen. Die sagen alle, ich sei mit meinen 66 Jahren zu alt für einen Hund. Dabei will ich noch nicht einmal einen Welpen oder Junghund. Er soll nur etwas jünger sein als meine Funny und sie noch einmal ein bisschen lebhafter machen."
Das hatte ich schon öfters gehört und auch beobachtet: Ältere Hunde, die gemütlicher werden, blühen mit einem jüngeren Artgenossen noch einmal so richtig auf und geben Gas. (Ein Phänomen, das man mitunter auch bei der Spezies Mensch registriert). Aber ist es tatsächlich so, dass ältere Herrschaften schlechtere Karten haben, wenn sie sich einen Hund zulegen möchten?

Das wäre wirklich traurig …

In Seniorenforen im Netz ist das jedenfalls immer mal wieder Thema. Und auch als ich diesbezüglich via Facebook nachfragte, gab es nicht wenige, die von solchen Absagen an Senioren berichteten. Insbesondere in Tierheimen scheint man erst einmal seinen Perso zücken zu müssen, um nachzuweisen, dass man den Hund auch sicher überlebt.

Leute, was soll der Quatsch?

Wenn ein Mensch verantwortungsvoll mit der Anschaffung eines Hundes umgeht, spricht doch nichts dagegen!

Natürlich muss es eine Lösung „im Fall der Fälle" geben: Wo findet der Hund dann sein neues Zuhause? Bei Familie, Freunden oder Nachbarn, die der Hund gut kennt?

Fakt ist und bleibt: Ein – wohlgemerkt – zu den Lebensumständen passender Hund tut auch älteren Hundefreunden verdammt gut!

Und, wer weiß: Vielleicht wäre selbst ein Jopi Heesters noch ein paar Jährchen älter geworden, wenn ein Hund ihn regelmäßig aus dem Haus getrieben hätte.

Wenn die Tierheime da nicht mitziehen, gibt es auch andere Lösungen. Eine befreundete Agentin konnte mir sogar eine Organisation nennen, die den Vierbeiner zurücknimmt, wenn sein Besitzer stirbt.[28]

Außerdem existieren Modelle, einen Hund auf Zeit anzuschaffen, quasi Dogleasing …

Ne, dann schon lieber Dogsharing.

Wieviele Berufstätige wären froh, wenn der rüstige 75-Jährige von nebenan tagsüber mit der Mali spazieren ginge. Oder der eh schon betagte Dackel Fietje der 85-jährigen Nachbarin tagsüber Gesellschaft leisten würde und so beide nicht allein zuhause wären? Die Hundesitterin hätte auf diese Weise gleich mehrere

28 … wie zum Beispiel das Tierschutz-Team in Rösrath, nahe Köln …

triftige Gründe, mal frische Luft schnappen zu gehen.
Also, einfach Augen auf im Hundefreunde-Verkehr und Symbiosen schaffen, von denen alle Seiten profitieren!

Ich meine: Seit meinem zwanzigsten Lebensjahr ist mir der Gedanke ein Gräuel, dass mir eines Tages der Führerschein abgenommen wird – jetzt nicht wegen zu schnellen Fahrens, sondern weil irgendjemand den Eindruck hat, ich sei zu tüttelig zum Autofahren.
Und Zeit rast bekanntlich. Gerade hattest Du noch ein Anrecht auf das Schüler-/Studenten-Ticket der Städtischen Bühnen und schon bist Du auf dem besten Wege, das Aktiv-60-Ticket der KVB[29] zu erwerben!
Die Vorstellung, dass mir irgendwann einmal keiner mehr einen Hund anvertrauen wird, finde ich noch gruseliger, als die Freiheit genommen zu bekommen, mich mit einem Auto von A nach B zu bewegen. Okay, irgendwann wird es automatische Autofahrsysteme geben. Aber wer will schon seine Autonomie beim Fahren verlieren? Schließlich möchte ich auch in Zukunft selbst entscheiden dürfen, mit welcher Geschwindigkeit ich mit meinem Mini in die Kurve gehe!

Wie kam ich jetzt darauf?
Ach ja, über die Senioren, denen Hunde vorenthalten werden.
Meine Audrey trägt mit dazu bei, dass Bewohner von Senioreneinrichtungen, die keinen eigenen Hund (mehr) haben, trotzdem Spaß mit Hunden haben können!
Und das kam so:
Im Sommer 2020 hatte ich einen Auftritt in der Hundeschule „Projekthunde“ im Raum Düsseldorf, die auch Ausbildungen für sogenannte Besuchshunde anbietet. Diese werden beispielsweise in Kitas und Senioreneinrichtungen eingesetzt.

29 Kürzel für „Kölner Verkehrsbetriebe“

Und da mein sozialverträgliches Tier sich fast noch mehr zu Menschen hingezogen fühlt als zu seinen Artgenossen, wurde es für geeignet befunden.

Audreys Ausbildung begann im September. Pandemiebedingt mussten wir immer wieder unterbrechen, trainierten aber fleißig zuhause und im Grünen weiter.

Über einhundert Anweisungen und Tricks gehören zum Repertoire eines Besuchshundes. Angefangen vom Blickkontakt zum Herrchen, was natürlich erst einmal Voraussetzung für die Teamarbeit ist. Wenn sie sich auf meine Aufforderung: „Mach mal kölsches Mädchen!“ hin auf den Rücken legt und ihr Bäuchlein zeigt, haben wir die Lacher jedes Mal auf unserer Seite – vor allem im Rheinland.

Und wenn Audrey der Dame, die gerade an dem Tag Geburtstag hat, während meines „Happy Birthday"-Gesangs eine Blume bringt, kullern schon mal die Tränchen vor lauter Rührung. Auch wenn meine kleine Assistentin am Ende der Show die verschiedenen Utensilien in die Requisitenkiste zurück räumt, erntet sie ganz viel Applaus dafür. Eigentlich könnte der Hund auch alleine auftreten, auf mich guckt eh keiner mehr…
All die hundert Anweisungen, die Audrey gelernt hat, haben natürlich einen offiziellen Namen. An den man sich aber nicht zwingend halten muss: Man kann seiner Kreativität hier freien Lauf lassen. Was das Künstlerlein natürlich schamlos ausnutzt: „Sitz" zum Beispiel hieß schon bei Lola und so natürlich auch bei Audrey immer „Was macht der liebe Hund?" Und für alle, die jetzt – absolut zu Recht – sagen: „Das ist doch viel zu lang!": „Lieber Hund?" geht auch. Oder noch einfacher: den Zeigefinger anheben.
Das Wort „Platz" kann ich bis heute nicht ernst nehmen. Da kommt mir immer automatisch ein Witz in den Sinn, den ich schon seit Kindertagen kenne: „Nachher platzt der wirklich!" Folglich heißt es bei mir „Leg Dich". Was zugegebenermaßen nicht sonderlich kreativ ist… Okay, links um die eigene Achse drehen, ist bei uns „spin", rechts herum „twirl". Das Kommando für durch die Beine kreuzen heißt „cross" und zwischen den Beinen sitzen „Garage". Es gibt sogar ein Wort, mit dem ich ihr offiziell erlaube, mich anzuspringen: „Hiphop!" Das gehört zwar nicht zum Besuchshund-Repertoire, eignet sich aber super für Audreys Theaterauftritte.

Als ich sie das erste Mal in eine Seniorenresidenz mitgenommen hatte, lag sie während meines einstündigen Auftritts ganz brav in ihrem Körbchen auf der Open Air Bühne. Zwischendurch stand plötzlich ein Herr am Bühnenrand und rief: „Ein Weimaraner! Wir haben auch früher Weimaraner gehabt!“ Audrey wedelte dem Herrn freundlich zu, blieb aber weiter gehorsam an ihrem zugewiesenen Platz. Bis sie plötzlich die Voliere mit den beiden exotischen Mini-Hühnern direkt hinter der Bühne entdeckte. Das war für den jungen Jagdhund einfach zu viel des Guten, und er wollte sich sofort aufmachen und nach dem Rechten sehen. Mitten im Piaf-Chanson trat ich auf die Leine, an der mein Hund vorsichtshalber noch hing. Und während Audrey versuchte, mich vom Mikroständer weg und hin zu den Hühnern zu zerren, gab ich alles, um mein „Non, je ne regrette rien“ zu Ende zu bringen.

Was soll ich sagen? Mein kleiner Hund und ich wurden für unseren heldenhaften Auftritt mit großem Gelächter und frenetischem Applaus belohnt.
Bei den anschließenden Streicheleinheiten für Audrey erzählte unser Publikum dann Anekdötchen, die es so mit Hunden erlebt hatte. Wie zum Beispiel die von Schäferhund-Mischling Quent, der in einer vierköpfigen Familie lebte. Die Mutter hatte einen Kuchen gebacken und ihn geviertelt auf den Kühlschrank gestellt. Sie beobachtete, dass jeden Tag exakt ein Viertel des Kuchens fehlte. Als nur noch das letzte Viertel übrig war, sagte sie: „Es freut mich, dass der Kuchen Euch so gut schmeckt." Darauf riefen Mann und Kinder wie aus einem Munde: „Ich hab doch gar keinen Kuchen gegessen!?" Quent hatte sich zu diesem Zeitpunkt bereits vorsorglich in seine Hütte verzogen.

On Tour

Bei ihren ersten Theaterauftritten kam Audrey erst am Ende der Show auf die Bühne. Bis dahin lag sie meist auf ihrer Hundedecke in der Technik.
Diese befindet sich im Theater oft in einem abgeschlossenen Raum mit einer Glasscheibe in Richtung Bühne. Manchmal ist die Technik aber auch direkt im Saal, oft am hinteren Ende.
Und genau dort saß mein Weimaranerlein bei einem meiner Auftritte. Zwanzig Minuten. Dann büxte sie zum ersten Mal aus und stürmte die Bühne, die rechts und links von einer Treppe gerahmt war. Da wir vorher geprobt hatten, kannte Audrey die Wege und lief ordnungsgemäß die eine Treppe hoch. Überrascht wie ich war, fiel mir nichts Besseres ein, als zu fragen: „Na, wer bist DU denn? Wem gehört der Hund?“
Wahrscheinlich fiel der jungen Lady zu diesem Zeitpunkt ein, dass das ja noch gar nicht ihr Einsatz war, denn sie lief einmal quer über die Bühne und die andere Treppe wieder runter. Hier drehte sie eine Ehrenrunde durchs Publikum und legte bei dem

ein oder anderen, der ihr zugetan war, einen kleinen Zwischenstopp ein. Schließlich fand sie sich wieder auf ihrem Deckchen in der Technik ein.
Zu Beginn des zweiten Teils – ich sang gerade ein Lied – war sie plötzlich wieder da, diesmal zog sie ihre Leine hinter sich her. Entweder sie hatte sich aus Pflichtbewusstsein losgerissen, frei nach dem Motto „The show must go on".
Oder es lag an den Hähnchenstücken, die auf dem Flügel neben den anderen Requisiten in einer kleinen Plastikschale lagen. Und die durch die Wärme der Spots vermutlich inzwischen eine verführerische Duftspur in Richtung Audreys Nase gezogen hatten. Diesmal war der Hund jedenfalls nicht mehr von der Bühne herunterzukriegen, verlangte ein Häppchen nach dem anderen und wedelte zwischendurch begeistert sein Publikum an, schien dabei hocherfreut über die Klatscher und Lacher.
Der Techniker holte die kleine Rampensau schließlich an der Bühne ab und geleitete sie zurück auf ihre Decke.
Dort schlief sie dann selig ein und verpennte ihren Einsatz. Denn unser Codesatz „Und da kommt sie auch schon: AUDREY!", verhallte wiederholt im Saal.
Ich sage Euch: Der Abend war ein voller Erfolg!

Dogdance-Girl

Schon mal was von „Catdance“ gehört?
Nein?
Ich auch nicht.
Mein Regisseur sagt, Katzen machen so unsinniges Zeug nicht. Hunde schon.
„Dogdance“ kommt ursprünglich aus den USA. Oder aus Kanada. Oder aus England: Dä ein säät su, dä andre su[30].
Ist aber auch egal – Tatsache ist: Inzwischen gibt es sogar Weltmeisterschaften in dieser Disziplin und auch auf Turnieren und Hundemessen präsentieren sich tanzende Mensch-Hund-Teams. Hundeschulen bieten Workshops an und Hundetrainer wie Privatleute geben online Tipps in Tutorials.
Was aber passiert beim Dogdance?
Da denken sich kreative Menschlein zu einer Musik eine Choreografie aus, die sie gemeinsam mit ihrem Hund einstudieren. An musikalisch passenden Stellen werden verschiedene Tricks

30 Kölsch für: „Der eine sagt so, der andere so“. Übrigens auch der Titel eines Liedes der kölschen Band „Bläck Fööss“.

eingebaut, die der Hund gelernt hat, wie zum Beispiel: Durch die Beine kreuzen, rückwärts gehen, Männchen machen, durch den Armkreis springen oder mit den Vorderpfoten auf den Füßen des Menschen stehen, während dieser einen Schritt vor den anderen setzt. Herrchen[31] darf dabei auch tanzen, und je fantasievoller und harmonischer der Tanz mit dem Hund zum Rhythmus und Charakter der Musik passt, desto besser. Oft werden richtige Geschichten erzählt, deshalb verwenden manche gerne Songs aus Musicals und Filmen. Frauchen kann dann auch gerne mal als Mary Poppins oder Lara Croft verkleidet sein, während den Hund lediglich sein Halsband zieren darf (Aber auch das kann ja bekanntlich sehr dekorativ und repräsentativ sein).

Auch Lola hatte ich schon einige Tricks beigebracht, die ich vorher dafür in entsprechenden Tutorials im Netz lernte.
Mit Audrey kam quasi der Lockdown. Und damit nicht nur plötzlich viel Zeit und das Verbot auf Theaterbühnen zu stehen und mit meinen Shows live vor Publikum aufzutreten. Plötzlich durfte ich auch meine „Höppis“[32] nicht mehr treffen, um mit ihnen eine neue Choreografie einzustudieren.
Da musste halt der Hund herhalten!
Bereits im zarten Alter von vier Monaten hatte ich dem armen Tier das Klavierspiel beigebracht – okay, wenn Audrey ihre Pfoten auf die Tasten schmiss, meinte ich manchmal sogar so etwas wie einen Akkord herauszuhören. Halt genau so, wie jede stolze Mutter im Flötenspiel ihres Vierjährigen einen zukünftigen Beethoven erkennt – während die Nachbarn verzweifelt an die Wand klopfen.

Audrey hatte zum Glück von Anfang an riesigen Spaß daran, Tricks zu lernen: Die Grundkommandos waren für sie schnell

31 Es ist wie bei den „Menschentänzen“: Es gibt wesentlich mehr weibliche als männliche Tänzer

32 … wie die Kölner Karnevals-Tanzgruppe „De Höppemötzjer“, deren Choreografin ich nun seit mehr als zwei Jahrzehnten bin, auch liebevoll genannt wird.

Kindergeburtstag, da musste Neues her. Und schon bald hörte sie auf Wörter wie „cross“, „spin“, „twirl“ und „peng“.
Zu der Zeit hatte ich auch die ersten Videos von Dogdance-Weltmeisterschaften gesehen und so kam ich auf die Idee, eine Dogdance-Choreografie in meine Show einzubauen. Mein kleiner Hund war natürlich noch zu jung für die Bühne: Bei der Premiere, die im Juni 2020 endlich stattfinden durfte und bei den folgenden Auftritten kam sie, wie Ihr schon wisst, lediglich am Ende der Show auf die Bühne gelaufen. Deshalb zeigte ich anfangs die Choreografie „Die ohne den Hund tanzt“ – einen Hiphop mit imaginärem Hund.

Zuhause und auch während unserer Spaziergänge übten Audrey und ich natürlich weiter fleißig an Tricks, die ich in die Musik einbauen konnte. Bis mein talentiertes Weimaranerlein schließlich nach dem dritten Lockdown endlich mit mir auf der Bühne tanzte!
Ja, nach einem Lockdown fühlt es sich viel an, 56 Personen im Publikum zu wissen … selbst für einen Hund. In ihrem Tipi, das ihr auf der Bühne Schutz bieten sollte, hielt Audrey es nicht lange aus und suchte sich eine Dame in unmittelbarer Bühnennähe, von der sie sich kräftig beschmusen ließ. Zu unserem Glück freute diese sich sogar, als der 26,5 Kilo-Hund auf ihren Schoß kletterte.
Sobald ich aber den Zaubersatz „Komm Audrey: Arbeiten!“ rief, stand die kleine Rampensau mitten auf der Bühne. Mit Tunnelblick folgte sie meinen Anweisungen via Stimme und Körper und performte wie ein alter Profi.
Also, so viel Applaus hatte ich für meinen Tanz ohne Hund nicht bekommen … Naja, hier griff wohl mal wieder die beliebte Werbe- und Medienregel: „Kinder und Hunde gehen immer“.
An meinem Hund ist jedenfalls – das kann ich mit gutem Gewissen behaupten – ein echter Entertainer verloren gegangen: Audrey liebt ihr Publikum!
Wobei – es gibt ein Dogdance-Element, dem sie nicht wirklich zugeneigt ist: das „durch die Beine kreuzen“ scheint sie in gewisser Weise als erniedrigend zu empfinden, denn sie bellt mich nach jedem Cross vorwurfsvoll an[33], so als wolle sie sagen: „Was soll der Kinderkram?“
Aber da muss sie durch. Im wahrsten Sinne des Wortes.

Letztens haben wir beide dann tatsächlich auch einmal live an einem Dogdance-Workshop in Berlin teilgenommen. Und jetzt

33 Bellen ist bei Auftritten auf Dogdance-Turnieren übrigens ein „no go“.

gibt es wieder neues Material für uns, wie zum Beispiel den Elefantentrick. Er heißt so, weil er dem der Dickhäuter ähnelt, die im Zirkus mit den Vorderbeinen auf einem Podest stehen und ihn mit den Hinterbeinen umkreisen.
Ich persönlich fand den Trick *bum high* besonders lustig. Allerdings hätte ich mir dafür wohl ein kleineres Hunde-Exemplar aussuchen müssen. Oder könnt Ihr Euch einen Weimaraner im Handstand vorstellen?
Aber, wer weiß, vielleicht findet Audrey ja Gefallen daran, anstatt mit den Vorder- zur Abwechslung mal mit den Hinterbeinen die Wände hinaufzulaufen.

Die Hundetasche

Packt Ihr „für unterwegs" auch so viel für Euren Hund ein?
Am Anfang waren es nur Wasserflasche, Silikon-Reisenapf und Gassibeutel.
Inzwischen hat Audrey ihre eigene Hundetasche. Wobei: Eigentlich ist es meine Overnight-Bag, die ich vor einigen Jahren aus Australien mitgebracht habe. Aber genauso, wie ich die meisten meiner Decken und Kissen inzwischen meinem Hund überlassen habe, gehört ihr nun auch diese hübsche Tasche.
Darin befinden sich, neben den schon genannten Utensilien, eine Frischhaltebox mit Trockenfutter und eine mit Äpfelchenstückchen, körniger Frischkäse, Rinderkopfhaut-Scheibe, eine geschälte Möhre, Leckerlis, Schleppleine, Trillerpfeife, Handtuch, Deckchen, antiseptisches Spray, Schonschuh bei Pfötchenverletzung, Pinzette und Blinki – für den Fall, dass wir es nicht vor Einbruch der Dunkelheit nach Hause schaffen.

Im Winter zusätzlich Vaseline für die Pfötchen und ein zweites Mäntelchen – falls das Erste zu nass wird oder nach dem Wälzen nach „ungekochtem Karpfen“ riecht …
Im Sommer landen entsprechend Zecken-Abwehrspray und Baby-Sonnenmilch zusätzlich in der Doggy-Bag.
Mehr Gegenstände hat eine junge Mutter für ihr Baby oder Kleinkind vermutlich auch nicht dabei …
Und auch wenn ich es inzwischen ziemlich professionalisiert habe und nicht mehr allzu lange brauche, bis die einzelnen Fläschchen und Boxen frisch aufgefüllt sind, so nimmt dieses Packen doch immer ordentlich Zeit in Anspruch.
Mein Liebling, der mich Morgen für Morgen hin und her wieseln sieht, um die Hundetasche zu füllen, zeigt wenig Verständnis für meinen Aktionismus: „Meinst Du nicht, das ist ein bisschen übertrieben? Früher hat man doch auch nicht so einen Zirkus gemacht, wenn man mit dem Hund rausging!“
„Ja, früher, da lagen die Hunde auch im Hof an der Kette oder im Wohnzimmer auf dem Schoß. Heutzutage ist der Hund halt überall dabei und viel unterwegs. Da muss man für alle Eventualitäten gewappnet sein“, halte ich dagegen und packe die Tasche weiter jeden Tag akribisch.
Bis ich eines Morgens total verschlafe, mit wehenden Fahnen aus dem Haus stürze und die Hundetasche komplett vergesse!
Was soll ich sagen? Da macht man das Spiel versehentlich einmal nicht mit und schon passiert's:
Zuerst wird Audreys seidiges Öhrchen beim Raufen mit einem Pointer geschreddert. Sein Frauchen zückt eine antiseptische Salbe aus ihrer XXL-Wild-Hazel-Hunde-Gassitasche und übergibt sie mir unter Einhaltung des Mindestabstands. Dabei sieht sie Audrey mitleidig und mich strafend an. Ich höre mich stammeln: „Vielen Dank. Normalerweise habe ich so etwas auch dabei …“

Zurück im Auto kotzt mir mein Weimaraner zur Krönung auf die original Stoffsitze meines geliebten Minis. Natürlich habe ich weder Küchenrolle noch Feuchttücher dabei.
Eins könnt Ihr mir glauben: An dem Abend stelle ich mir den Wecker extra auf 15 Minuten früher, um die Hunde-Notfalltasche auch wirklich komplett und wieder dabei zu haben!

Meist bin ich den ganzen Tag mit Audrey aus dem Haus. Denn schließlich drängt sie eh alle drei Stunden nach draußen, da kann ich auch gleich dableiben und zwischendurch einkaufen oder mir Nahrung besorgen.
Ich habe auch eine absolut Corona-konforme Methode entwickelt, mir in pandemischen Zeiten ein wenig Normalität zu verschaffen: Nach der Hundewiese fahre ich mit Audrey bei meinem Lieblingscafé vor, das glücklicherweise zurzeit Coffee to go anbietet. Nicht immer habe ich das Glück, gleich vor dem Café zu parken. In dem Fall pirsche ich mich peu à peu an den begehrten Parkplatz mit dem besten WLAN heran. Sobald die Schlange vor dem Café kleiner geworden ist, stelle ich mich für den Café Latte an. Mit meiner Beute ins Auto zurückgekehrt wird der Fahrersitz für mehr Beinfreiheit zurückgeschoben, der Kaffee-Duft sorgt für zusätzliche Gemütlichkeit im Wagen. Jetzt zücke ich den Laptop, lese meine Mails und beginne zu schreiben. Der Besitzer vom Kiosk nebenan hat mittlerweile gecheckt, dass ich regelmäßig dort im Auto sitze und in die Tasten meines Macs haue. Er grüßt mich mit einer Mischung aus Wohlwollen und Belustigung.
Während des Schreibens hebe ich immer wieder den Blick und beobachte das Tun auf der Straße. Es fühlt sich fast an, wie *im* Café zu sitzen.
Und dort könnte ich meinem Hund jetzt schlecht, wie hier im Auto, seine tägliche Ration Hüttenkäse geben. Wobei – warum

eigentlich nicht? Kleine Kinder werden im Café schließlich auch mit Brei, Haferkeksen und Möhrenschnitzen versorgt. Und Babys genießen dort nicht selten „Mutter Natur".
Wieso also nicht auch beim nächsten Cafébesuch den Hüttenkäse für den armen, hungrigen Vierbeiner aus der Hundetasche ziehen. Mal sehen, ob wir danach noch wiederkommen dürfen…

Gewohnheitstiere

Rituale sind für das Familienleben wichtig, das steht sogar im Familienbericht der Bundesregierung.
Auch bei uns zuhause gibt es solche Gewohnheiten. Statt „Dinner for one“ heißt es bei uns zum Beispiel „Breakie[34] for two“. Und das sieht so aus:
Nach der Morgenrunde, die uns am Bäcker vorbeiführt, werden Audreys Pfötchen kurz abgeduscht, anschließend bekommt sie ihr Futter.
Während sie frisst, bereite ich einen Latte Macchiato zu und mache mich damit, einem Rosinen-Milchbrötchen und drei bis fünf Leberwurstbrotstückchen nochmal auf ins Bett.
Nach ihrem Mahl kommt Audrey zu mir ins Schlafzimmer, denn sie weiß natürlich, dass es dort morgens noch einen kleinen Nachtisch gibt. Auf der einen Hälfte meines Bettes liegt schon ihr Extradeckchen bereit. Erst, wenn ich die Erlaubnis erteile, darf sie aufs Bett springen und auf dem Deckchen Platz

34 So nennen die Australier, die Kürzel lieben, ihr breakfast.

nehmen. Während ich nun mein Milchbrötchen esse, bekommt Audrey nach und nach ihren Zusatzsnack.
Dann kommt der schönste Teil des Rituals: das „Kuschikuschi". Ich lege mich hin, Audrey schmiegt sich in ihrer ganzen Länge an mich und richtet sich auf ihr Morgenschläfchen unter Daunen ein. Die gefühlten zwei Grad, die mein Weimaraner mit dem exzellenten Stoffwechsel mehr hat als ich, machen mich glücklich (außer im Hochsommer). Meist seufzt mein Mädchen dann zufrieden und ich seufze sofort hinterher. Sollte sie vergessen, zu seufzen, seufze ich und meistens fällt ihr dann anscheinend ein, dass sie noch gar nicht geseufzt hat, und sie tut es dann. Das ist der Moment, in dem unsere Welt verdammt in Ordnung ist!

Allabendlich wiederholt sich ein weiteres Zeremoniell: Wenn Schlafenszeit ist, begleite ich Audrey zu ihrem Körbchen und lege mich noch für ein paar Minuten zum Streicheln und Kuscheln dazu. Eigentlich fehlt jetzt nur noch, dass ich dabei Lalelu singe! (Wobei: ich gebe zu, dass ich selbst das schon getan habe … Aber natürlich singe ich ihr dann das Lied in der Hunde-Version aus meiner Show vor). Dann lässt sich mein Weimaraner von mir zudecken und bereitwillig ein Kissen unter die Schnauze schieben. Seitdem mein Liebling das gesehen hat, muss ich ihm auch ein Kissen unter den Kopf legen, wenn er schlafen geht.
Nein, im Ernst, er findet es zwar etwas übertrieben, aber auch er hat schon mal Audreys langanhaltenden, zufriedenen Seufzer in diesem Moment gehört, der mir recht gibt.
Übrigens: Mittlerweile kann Audrey drei Kissen ihr Eigen nennen, die vorher unser Sofa geziert haben.

Beruf: Zudeckerin

Wenn man in einem für Entscheider nicht systemrelevanten Beruf tätig ist, sinnt man nach Ausweichmöglichkeiten. Ein neues Berufsfeld hat sich mir dabei regelrecht aufgedrängt. Davon erzählt die folgende kleine Geschichte, für die wir uns nochmal in mein Schlafzimmer begeben müssen.

Eines von Audreys vier Körbchen steht nämlich gleich neben meinem Bett. Natürlich kam für das Hundebettchen nur ein antiallergisches und durchblutungsförderndes Modell mit Gewicht- und Thermo-Anpassung, Druckminderung, Belüftung und Memory-Foam infrage. Der Preis für diese exklusive Schlafstatt deckte sich in etwa mit dem einer dreiwöchigen All-Inclusive-Reise nach Barbados. (Aber wer will in Pandemiezeiten schon in die Karibik!).

Mein kleiner Hund jedenfalls hat Abend für Abend die freie Körbchenwahl. Als „grauer Geist“[35] beginnt er seine Nacht natürlich neben mir. Dazu lässt er sich – zumindest bei kälteren Temperaturen – mit einem Plümmo[36] zudecken. Schließlich schläft Frauchen ja bei offenem Fenster. Und das bei einem Hund ohne Unterfell! Wie jedes Kind strampelt sich der Kanide im Laufe der Nacht frei, ein Umstand, der ihn wach werden lässt.
Nun kenne ich zwar eine Vizsla-Hündin, die sich stets elegant selbst zudeckt. Diese Fähigkeit geht Audrey allerdings leider ab. Schon mehrfach habe ich versucht ihr den Trick beizubringen, bislang erfolglos.
Vielleicht muss ich bei dem Tutorial zukünftig etwas mehr Biss an den Tag legen. Denn sobald es Audrey zu kalt wird, stellt sie sich mit den Vorderpfoten auf mein Bett und guckt mich an. Meist genügt schon diese Maßnahme, um mich zu wecken. Für den Fall, dass mein Schlaf einmal besonders tief ist, fährt Audrey schärfere Geschütze auf: Zunächst sind es Stupser mit der Nase, es folgen kleine Fipser.
Hilft das nicht, kratzt sie an meiner Bettdecke, so als wolle sie auch mich frei decken. Damit ich auch ja weiß, wie sich das anfühlt!
Ihre neueste Variante besteht darin, sich zu schütteln. Man muss dazu sagen: Wenn ein Weimaraner sich mit seinen langen Ohren schüttelt, hört sich das in etwa so an, als würde gerade ein Hubschrauber starten.
Spätestens jetzt gebe ich auf und decke mein Felltier fürsorglich wieder zu. Der daraufhin zufriedene Grunzer ist mir „Dankeschön“ genug und rührt mich jedes Mal aufs Neue.
Während Audrey augenblicklich wegschlummert, bin ICH nun wach. Mal für eine halbe Stunde, mal für eine ganze. Mal für zwei Stunden. Nicht selten auch so lange, bis sich die Lady wie-

35 … wie man den Weimaraner auch gerne nennt …
36 Kölsch für Plumeau

der freigestrampelt hat und ihre Zudeckerin erneut in Anspruch nimmt.

Manchmal wechselt Audrey auch im Laufe der Nacht ihr Nest. Hier konnte ich einen unmittelbaren Zusammenhang mit der Lautstärke feststellen, in der mein Liebling gerade schnarcht. Wenn man überlegt, dass ein Hund so viel besser hört als ein Mensch, dürfte man Audrey nicht böse sein, wenn sie meinen Liebling wegen Tierquälerei verklagen würde.
Aber auch dieses entzückende Mädchen kann erstaunliche Frequenzen von sich geben, wenn es schläft. Es kommt dann zu einem regelrechten Schlagabtausch zwischen dem Geschöpf zu meiner Rechten und dem zu meiner Linken.

Tjaaaaa, da wolltest Du immer
Deinen Körper entscheiden
lassen, wie lange Du schläfst.
Jetzt ist es der HUND,
der Dich raustreibt.
Oder die Blase.
Oder die Blase
vom Hund.
Oder einfach nur seine
Kälteempfindlichkeit.
So bin ich zur
Zudeckerin
geworden.
Na, besser als zur
Abdeckerin.

Was tut man nicht alles …

Es ist schon erstaunlich, wie selbstverständlich es für uns Hundebesitzer wird, unserem Vierbeiner in aller Öffentlichkeit mit einer Tüte hinterherzulaufen. Um dann nach einer entwürdigenden Verbeugung vor der Hinterlassenschaft deren Wärme und Konsistenz durch das Beutelchen zu fühlen.
Meine Art, den Gassibeutel zu verschließen, ist, die oberen Enden mit beiden Daumen und Zeigefingern zu fassen und das Teil drei Mal um sich selbst zu schleudern. Ganz wichtig: Von mir weg! Spätestens dabei wird nach der haptischen auch meine olfaktorische Wahrnehmung angesprochen. Dies bleibt eine ganze Weile so, wenn kein Abfalleimer in der Nähe ist…
Soweit alles normal.

Inzwischen habe ich allerdings eine neue Stufe erreicht, Unappetitliches würdevoll zu erledigen: Nämlich dann, wenn mein kleiner Wiederkäuer mal wieder zu viel Gras gefressen hat. Und selbiges sich am nächsten Tag in Originallänge wieder blicken

lässt… Woraufhin mein Kanide sich nach seinem Geschäft völlig entsetzt hinsetzt und im Wechsel sein Hinterteil und mich anschaut. Der stumme Hilfeschrei in Audreys Blick weckt vermutlich Muttergefühle in mir und ich bin sofort gewillt zu helfen. SCHWUPS! wird eine zweite Tüte auf links gestülpt und das unglückliche Tier von einem oder auch mehreren Grashalmen befreit. Die Lebensfreude, mit der Audrey sofort davonspringt, lässt mich meine für Nichthundebesitzer sicherlich peinliche Aktion sofort vergessen.
Überhaupt: wie hemmungslos ich wildfremden Menschen mitteile, dass mein Hund vor diesem Häufchen, das ich gerade einsammele, bereits zwei gemacht hat! Nun gut, es handelt sich bei diesen Menschen, denen ich mich da anvertraue, nicht um *irgendwelche*, sondern um Hundefreunde. Die sich, genauso wie ich, auch nicht zu schade sind, ihren Hunden mit bloßen Händen Dinge aus der Schnauze zu ziehen, die diese im Park gefunden haben. Dinge, die Frauchen normalerweise nie ohne Gummihandschuhe anfassen würde.

Ein weiteres Beispiel dafür, wie sich meine persönliche Ekeltoleranz durch den Hund verändert hat, beschreibt folgende Geschichte:
Wir waren bei Freunden zum Essen eingeladen, die zwar keinen eigenen Hund haben, aber zum Glück sehr hundelieb sind. Daher durfte Audrey dabei sein und lag zwei Meter vom Tisch entfernt auf ihrem Reise-Bettchen.
Mitten im Hauptgang nahm ich plötzlich neben dem Duft der Rehkeule auf meinem Teller einen weiteren intensiven Geruch wahr… Ich sag Euch: Am liebsten wäre ich unterm Teppich durch die Hintertür rausgerannt. Da das auch nichts genutzt hätte, stellte ich meinem Hund lediglich die rhetorische Frage: „AUDREY, HAST DU GEPUPST?“

Und fand es in dem Moment besonders schade, dass mein haariger Zeitgenosse den Trick „Schäm Dich“ noch nicht ohne Haargummi[37] beherrscht.

Es gibt ein Thema, da hört aber auch bei mir der Spaß auf. Die Rede ist von der *Glandulae anales …*
(Ihr merkt, mir fällt es sogar schwer, das deutsche Wort hinzuschreiben). Auch wenn ich immer wieder versuche, das Ganze mit Humor zu nehmen und mein Weimaraner-Mädchen im akuten Fall mit „Miss Anal“ anspreche – in Anlehnung an die schöne Ehefrau von George Clooney[38]: Leute, wenn ich vorher gewusst hätte, was die Chemorezeptoren meiner Nase da so an mein Gehirn melden – ich bin nicht sicher, ob ich mich dann für einen Hund entschieden hätte!

37 Dieser Trick wird aufgebaut, indem man dem Hund einen Haargummi um die Schnauze legt, den er dann mit der Pfote abstreift. Was wiederum aussieht, als würde er sich schämen.

38 Gut, die heißt Amal, aber es klingt ja immerhin ähnlich.

Yoga-Girl

Irgendwann im Leben, entweder spätestens, wenn die Kinder aus dem Haus sind, oder wenn keine Kinder da sind, stehen viele von uns vor der Frage: Spätgebärende, Yogalehrerin oder Hundemama?
Ich hab' mich für Hundemama entschieden.
Den „Krieger 2" mach ich nebenbei.

Eine lieb gewonnene Angewohnheit vor dem morgendlichen Yoga musste ich allerdings drangeben, seit Weimaraner mein Zuhause bevölkern. Üblicherweise hatte ich nämlich meine Matte an einem Platz ausgerollt, der mir an dem jeweiligen Tag der geeignetste schien. Daneben wurden feinsäuberlich Blöcke, eine Decke, ein Kissen und im Winter Teelichter platziert, die Yoga-Playlist angespielt und das Tutorial im Laptop aufgerufen. Danach ging es erst einmal ins Bad und in die Küche, bevor die Session schließlich beginnen konnte.

Heutzutage schmeiße ich mich exakt in dem Moment, in dem ich die Yogamatte ausrolle, im Hechtsprung drauf!
Denn andernfalls kommt mir der Hund zuvor.
So ging es mir bei Lola. Und so geht es mir bei ihrem Töchterchen: Audrey liebt meine Yogamatte! Keine Ahnung, warum. Oder vielleicht doch? Immerhin ist die Matte der Ort, an dem ich meinem Hund ganz besonders wenig Aufmerksamkeit schenke. Weil ich genau diese gerade mir selbst widme. Und exakt damit kann mein Weimi-Girl nur gaaaaanz schlecht umgehen[39]. Das könnte ein Grund sein, warum sie sich schnell auf die Matte setzt, bevor ich auf die Idee komme.
Aber auch wenn ich den Platz erobert habe, bedeutet das nicht zwingend, dass ich ihn ganz für mich haben werde.
Denn mein kleiner Schoßhund findet immer ein Fitzelchen an der Seite oder am Ende der Matte, um sich einzurollen. Sollte sie ausgeschlafen sein, zeigt Audrey mir alternativ während meines ersten „herabschauenden Hundes", was ein „heraufschauender Hund" so macht. Dafür spaziert sie von hinten durch meine gegrätschten Beine und legt sich unter mich. Sollten sie bei der Gelegenheit die Gefühle übermannen, leckt sie mir einmal längs durchs Gesicht.
Und auch wenn ich jedes Mal völlig gerührt bin von den Bemühungen meines Hundes, nicht in Vergessenheit zu geraten: Spätestens jetzt hört der Spaß auf! Denn dies hier ist gefälligst kein Lachyoga, sondern ernstzunehmendes Ashtanga[40]!
Es wird also Zeit für ein Code-Wort – also mindestens eins …
„Tipi! – Tipi! – Tiiiiipi! – Tiiiiiiiiiiipi! TIPI!"

39 Hatte ich schon erwähnt, dass der Weimaraner zu den Hunderassen zählt, denen mangelnde Beachtung ein Gräuel ist?

40 … eine fließend-dynamische Yogapraxis, auf die ich seinerzeit durch die Sängerin Madonna gestoßen war.

Und schon trollt sich mein verschmähter Weimaraner in sein kuscheliges Zelt. Um mich von dort aus zu beobachten. Zumindest solange, bis ihm bei all den atmosphärischen Klängen der Yoga-Playlist die Äuglein zufallen. Audreys Schläfchen endet zuverlässig auf das Stichwort „Shavasana“, bei dem ich mich am Ende der Session auf den Rücken lege und in die Entspannungslage begebe. Hier holt mein Hund mich dann regelmäßig ab. Sicherlich, weil er denkt, dass mir nach all der Anstrengung ein kleiner Spaziergang an der frischen Luft guttäte.

Bei schönem Wetter gehen wir beide auch gerne raus, um Yoga zu praktizieren. Das sind dann die Momente, in denen ich besonders froh bin, dass Audrey ein Mädchen ist, – weil – ich mach ja so gern den Baum.

Otto – eine unerwiderte Liebe

„Du darfst einem Mann nicht so hinterherlaufen! Das mögen die nicht.“
Ich finde es wichtig, dass wir Mädels uns immer wieder gegenseitig für diese Tatsache sensibilisieren.
Aber – habe ich den Satz tatsächlich gerade zu meinem *Hund* gesagt?

Wir haben Audreys Freund Otto, einen extrem eindrucksvollen siebenjährigen Spinone Italiano, zum Spaziergang getroffen. Sie spurtet aufgeregt auf ihn zu und leckt ihm begeistert die Lefzen. Otto reagiert mit der höflichen Gelassenheit und Gleichgültigkeit, die nur der Adel so perfekt beherrscht: Mit einem freundlich-distanzierten Gesichtsausdruck hebt der Conte sein Haupt und neigt es leicht von dem aufdringlichen, jungen Ding weg. Majestätisch setzt er sich sodann in Bewegung und trabt federnd davon. Audrey springt fohlengleich neben ihm her und hängt umso eifriger an seinem langen, feuchten Bart.

Irgendwie tut mir meine kleine Weimaranerin leid. Ausgerechnet *der* Rüde, den sie ganz besonders verehrt, schenkt ihr so wenig Beachtung.
Andererseits: Wieso soll's den Hundemädchen anders gehen als uns Menschenmädels? Denn haben wir es nicht alle schon einmal erlebt und uns mit offen zur Schau gestelltem Interesse einem Mann gegenüber ins Aus manövriert?
Dabei hat mir schon meine Uromi das Patentrezept mit auf den Weg gegeben: „Willst Du was gelten, dann mach Dich selten."
An eine peinliche Situation, in der ich diesen Rat in meinem jugendlichen Leichtsinn eindeutig missachtet habe, erinnere ich mich bis heute:
Es muss Ende der 90er gewesen sein. Auf einer Party kam ich mit einem sehr „austrainierten" Immobilienmakler mit kantig-markigem Gesicht ins Gespräch. Wir flirteten den ganzen Abend und am Ende tauschten wir Telefonnummern aus. Gleich am nächsten Vormittag rief er mich an und wir verabredeten uns für die – wohlgemerkt von mir vorgeschlagene – darauffolgende Woche beim Italiener. Bis dahin alles richtig gemacht, Sylvie!
Weil das wieder ein sehr lustiger Abend war, folgten Treffen im Fitnessstudio und zum gemeinsamen Joggen. Nach circa einer weiteren Woche lud er mich zum Essen zu sich nach Hause ein. Okay, natürlich wusste ich, dass ich mich damit in die Höhle des Löwen begab. Aber schließlich konnte ich ja „nein" sagen zu allem, was mir nicht passte.
Was ich dann auch tat…
Dies hatte zur Folge, dass mein Date sich am nächsten und auch in den folgenden Tagen nicht bei mir meldete. Und das wiederum passte der Löwin in mir so gar nicht. Nach drei Tagen rief ich ihn an, erreichte ihn aber nicht. In den nächsten Tagen versuchte ich es immer wieder, ohne Erfolg. Nach einer Woche hatte ich ihn endlich an der „Strippe".

Und was sagt dieser Typ zu mir?
„Jetzt hör doch mal auf, mich ständig anzurufen."
Beschämt, wie ich war, fiel mir nichts Besseres ein als: „Ich hab Dich gar nicht ständig angerufen."
Falle! Denn der Beau hatte natürlich das neueste Handy-Modell, das auf dem Markt war, und meine Nummer war ihm bei jedem meiner Anrufe angezeigt worden. Mir dagegen mit meinem stylishen Motorola Startac war der Begriff „Nummernunterdrückung" noch nicht bekannt.
Tja, Notlügen sind zwar schon mal erlaubt, sollten als solche allerdings nicht zu entlarven sein.

Jedenfalls: Was Otto anging, hatte ich gehofft, dass er jetzt mehr Interesse an Audrey zeigen würde. Wo doch der Kastrationschip ihn neuerdings nicht mehr seine Männlichkeit vergessen ließ. Otto war seitdem viel schlanker und aktiver und sah glatte vier Jahre jünger aus. Auch war er bedeutend sozialer geworden, lief allen Hunden freudig entgegen, um sie zu begrüßen.
Nur Audrey, die ihn doch so sehr verehrte, ignoriert er auch heute wieder weitestgehend.
Und ich erwische mich bei dem Gedanken: „Warte nur ab, mein Lieber, bis mein Mädchen groß ist!"

Audrey ist läufig

Ausgerechnet am Karfreitag ist es soweit: Diesmal blutet Audrey nicht, weil sie sich verletzt hat.
Ich erwische mich dabei, vollkommen gerührt auf mein kleines Hundemädchen zu blicken, das nun erwachsen sein soll!!?
Wie die Zeit rennt – gerade noch ein Welpe und schon ist aus dem Teenie eine Frau geworden.
Während Du selbst am Supermarktregal stehst und überlegst, ob sich die 200er-Packung Tampons noch zu kaufen lohnt, dröppelt dir dein Weimaraner-Mädchen das Parkett voll. Naja, draußen rennt man mit der Tüte hinter seinem Hund her, im Haus ist es halt der Wischmob.

Natürlich habe ich mich mittels Fachliteratur intensivst auf diese Zeit vorbereitet. Man muss ja schließlich wissen, wie lange der Bodyguard jetzt einen Bodyguard braucht.

Die Vorboten der Läufigkeit waren mir nicht entgangen: beispielsweise die immer größeren Radien, in denen sich Audrey beim Spaziergang von mir wegbewegte.
Aber auch anatomische Veränderungen hatte ich beobachtet. Und die fallen dann, als es soweit ist, nicht nur mir auf…
Während eines Spaziergangs gehen vor uns zwei Jungs um die zwanzig. Einem Pärchen, das uns entgegenkommt, stelle ich die obligatorischen Fragen eines Frauchens mit läufiger Hündin: „Mädchen oder Junge? Kastriert?“ Um dann entschuldigend und wahrscheinlich völlig überflüssig zu erklären: „Meine ist gerade läufig.“
Inzwischen ist Audrey weitergelaufen, sodass sie jetzt vor den Jungs ist. Ich höre die beiden leise reden, dann unterdrückt lachen. Ganz offensichtlich ist der Grund ihrer Fröhlichkeit Audreys vergrößertes, primäres Geschlechtsmerkmal. Mir ist danach, mich schützend vor mein Mädchen zu werfen und die beiden anzuschnauzen: „Glotzt gefälligst nicht so!!!“
Tja, es gibt Momente, an denen ich mir wünschte, einen langhaarigen Hund zu haben…

Wie die Hormone nicht nur uns Menschen, sondern auch unseren lieben Vierbeinern das Hirn wegblasen, zeigt Audreys Verhalten ihrer besten Freundin, der vier Jahre älteren Vizsla-Hündin Lia, gegenüber:
Mein Hund legt sich grundsätzlich gerne hin und macht sich ganz flach, wenn ihm andere Hunde entgegen gelaufen kommen – das ist nichts Neues und wohl auch nichts Untypisches für diese Hunderasse. Aber die Art und Weise, wie Audrey sich aufbäumt und sich über Lia stellt, sobald diese bei ihr ankommt, ist neu. Die diplomatische Freundin legt sich sofort, halb kriechend unter sie und präsentiert als Erstes ihr Bäuchlein. Audrey wedelt zwar freudig, gleichzeitig knurrt sie aber aggro und nimmt

alle möglichen Körperteile von Lia ins Maul, zum Glück ohne zuzubeißen. Dann stellt sie bossy eine Pfote auf die sich völlig unterordnende, beschwichtigende Lia. Irgendwie erinnert mich mein Kanide dabei an einen Jäger, der den Fuß auf sein frisch erlegtes Wild stellt …
Audrey, so geht man nicht mit seiner Freundin um! Freundschaften sollte man pflegen. Auch unter Hunden. Schließlich weiß man nie, ob Frauchen und Herrchen auch nach der Pandemie noch das nötige Kleingeld haben, um den armen Hund angemessen zu ernähren. Wenn nicht, hat man Freunde, die einen sicher mit aus ihren Futternäpfen fressen lassen …?

Wisst Ihr, was Hündin auf englisch heißt?
Ja, auch *female dog.*
Aber vor allem *bitch.*
Und spätestens jetzt weiß ich, warum.

13. Zyklustag
Für Sam, den Spitz-Schäferhund-Mischling aus der örtlichen Postfiliale, hat Audrey ihr Schwänzchen zum ersten Mal zur Seite genommen! ALARM!!! Fluchtartig verlassen mein lüsterner Hund und ich den Shop, das Paket kann ich auch noch ein anderes Mal abgeben.
Als wir in Sicherheit sind, muss ich lächeln: Immerhin hat sie sich einen großen potenziellen Lover ausgesucht. Ihr Faible für Hunde, die größer sind als sie, kenne ich von der Hundewiese. Mit den Kleinen spielt sie grundsätzlich nur, wenn nichts Anderes da ist, dieses kleine asoziale Weib!
Tags darauf werde ich eines Besseren belehrt …
Diesmal signalisiert Audrey die schon beschriebene Paarungsbereitschaft einem Chihuahua! Mittlerweile scheint der jungen Dame auch die Wirkung eines Vorspiels klargeworden zu sein:

Denn zuallererst schmeißt sie sich vor den begeistert hechelnden Mini-Hund auf den Boden und zeigt ihr Bäuchlein und mehr! Lustvoll kullert sie dabei auf ihrem Rücken hin und her, das „Kölsche Mädche" halt …

Schließlich erhebt sich meine in Köln Geborene grazil vom Boden und schüttelt sich. Die kleine Fußhupe nähert sich währenddessen gefährlich Audreys Hinterteil. Und während ich

noch denke: „Na, da wird der nicht dran kommen", legt meine Lady sich hin. Gut, man könnte Audreys Verhalten dem Mini-Hund gegenüber als höflich bezeichnen. Man kann es aber auch lassen.
Wir beide jedenfalls ziehen Leine.

16. Zyklustag
In der Hoffnung, dass wir nun „aus dem Gröbsten raus sind", fahre ich morgens mit Audrey zu einem Spazierweg, an dem meist nur wenige Mensch-Hund-Gespanne unterwegs sind. Aber ausgerechnet heute begegnen wir schon auf dem Parkplatz zwei Frauchen mit ihren Lieblingen. Während ich alleine aus dem Auto steige, grüße und entschuldige ich mich erst einmal: „Guten Morgen! Meine ist zum ersten Mal läufig."
Worauf eines der Frauchen auf ihren Labrador zuschießt und ihn an die Leine nimmt: „Das kann ich meinem Django nicht antun!"
– ? –

Zum Glück sind große Hunde nicht so oft läufig wie kleine. Wenn Ihr Euch erinnert: Bei Lola ist es alle acht Monate so weit. Mal sehen, wann Audrey wieder fast vier Wochen nur mit (Schlepp-)leine unterwegs sein darf. Und wann es wieder nötig sein wird, dass ich mit 360°-Grad-Blick völlig unentspannt hinter meinem begehrten Hundemädchen herlaufe. Und fast in einen Freudentaumel gerate, wenn ein Hundebesitzer mich wissen lässt: „Mädchen."
Die Beteuerung mancher Hundeleute „… der ist kastriert, da kann nichts passieren", indes beruhigt mich auch nicht völlig. Selbst eben dann nicht, wenn es sich um ein kleines Exemplar Hund handelt und auch Herrchen sich sicher ist: „Der kommt da gar nicht hoch!"

Bah, da hat der Mann nicht mit dem oben beschriebenen Erfindergeist meiner gewillten Hundedame gerechnet. Mit dieser Räuberleiter bekommen selbst winzige Verehrer ihre Chance.

Es ist eh faszinierend zu sehen, mit welchem Selbstbewusstsein kleine Hunde schon auf die Welt gekommen zu sein scheinen. Entweder ist ihnen ihre Größe nicht bewusst oder sie ist ihnen völlig egal.
Ein Schelm, der hier eine Parallele zum Menschen erkennt…

Verkehrsberuhigte Zone

Gerade sind Audreys heiße Tage vorbei, da bestätigt mir die Tierärztin, was ich schon vermutet habe: Meine Lady ist scheinträchtig.

Unsere To-do-list lautet nun: Schluss mit Kuscheln, das heißt für die nächsten drei bis fünf Wochen darf ich mich nicht mehr zusammen mit meinem Mac zum Schreiben zu Audrey in ihr gemütliches Tipi quetschen.

Zuhause lese ich, was die Hundeexperten sonst noch so raten: Manche empfehlen, dass Spielzeug-Kuh Wally und Esel Formi zurzeit genauso wenig im Körbchen gehortet werden sollten wie meine Söckchen und Sneakers. Andere argumentieren, mein armer Hund würde nur noch mehr leiden, wenn man ihm alles wegnähme. Ich mache also den Versuch und lege den vollgesabberten Formi in einen Korb im Keller. Während ich feinsäuberlich meine Wäsche nach Farben sortiere, taucht mein grauer Geist hinter mir auf. Kurz darauf befindet sich der Esel wieder im Erdgeschoss …

Das Problem: All diese Gegenstände sind jetzt quasi Welpenersatz und treiben Audreys Hormonspiegel nur noch unnötig weiter in die Höhe.
Genauso wie das „Bäuchlein streicheln“, eine Maßnahme, die sie so sehr liebt. Auch mir fällt es ungeheuer schwer, mein Hundemädchen emotional so auszuhungern.
Aber da müssen wir jetzt durch, denn die Tierärztin hat mir erklärt, dass man notfalls mit Hormontabletten gegensteuern muss. Und dass durch eine übermäßige Scheinträchtigkeit sogar Krebserkrankungen begünstigt werden können.

Deshalb lautet das Zauberwort jetzt: Ablenkung!
Also schauen wir beide mehrfach täglich an verschiedensten Orten, ob die Mäuschen und Häschen noch da sind. Auch erwische ich mich dabei, Kügelchen aus Leberwurst zu formen und diese aufs Parkett zu kleben, bevor ich meinen Hund mit den Worten „Such, such, such!“ ins Zimmer lasse. Dreimal täglich fege ich wie ein Hamster auf dem Mountainbike um den nahegelegenen See herum. Mein Hund bleibt, trotz aller meiner Bemühungen, zu überholen, immer vor mir.
Und ihre ganzen Freunde und Freundinnen darf mein Hormonbömbchen natürlich momentan besonders oft sehen.

Supergirl

Ich erinnere mich, wie ich geschmunzelt habe, als Annabelle mir die Geschichte von einer Mutter erzählte, die vor der Kita lauthals und voller Stolz über den so reichen französischen Sprachschatz ihrer Tochter referierte. Dabei nahm die Vierjährige doch erst seit einem Jahr an dem Fremdsprachen-Frühförderungs-Programm an der Kölner Upper Westside teil!
Und jetzt?
Jetzt berichte ich ungefragt und freimütig, wie elegant mein Weimaraner-Mädchen auf unser SUP springt. Und dass sie weder Angst vor Staubsaugern noch vor Fönen hat!

Ja, es ist schon unglaublich, was wir uns auf die Fähigkeiten und Heldentaten unserer Schutzbefohlenen so einbilden …
Immerhin bin ich offenbar nicht das einzige Frauchen, das der Mutterstolz gepackt hat. Auf der Hundewiese beobachte ich Hundehalter, die ebenfalls verstohlen nach rechts und links blicken, wenn ihr Hund ein Kunststück oder einen Trick zum

Besten gibt. Da feiern wir gemeinsam „Rollen“ wie Abiture und „Give me fives“ wie ein just absolviertes Bachelor-Studium.
Bei der Gelegenheit: Hatte ich eigentlich schon erwähnt, dass Audrey, sobald wir vom Spaziergang heimkommen, die Dusche ansteuert? Natürlich nur, wenn sie sich vorher im Dreck gesuhlt hat.
Und dass sie bei der Tierärztin an allen kleinen und großen Angsthasen vorbei das Behandlungszimmer im Sturm nimmt und sofort auf den Untersuchungstisch springt? (Ich glaube, ich muss demnächst mal nachfragen, welches Leckerli die Frau Doktor da im Angebot hat…).
Audrey hat auch keine Angst vor Gewittern. Ob sie sich vor dem Silvesterfeuerwerk fürchtet, kann ich noch nicht beurteilen, denn das ist ja beim letzten Mal quasi ins Wasser gefallen.
Mein Mädchen war immer schon ein Supergirl: Im zarten Alter von acht Monaten lernte sie schwimmen – okay okay, da sind andere schneller. Jedenfalls wurde dieser besondere Moment genauso im Video für die Ewigkeit festgehalten wie das erste Mal, als sie selbständig in ihr Fahrradwägelchen kletterte. Darin blieb sie brav sitzen und schaute sich die Landschaft an, während ich strampelte.
Gefühlte fünf Zentimeter größer wurde ich, als mein Junghund in der Hundeschule auf Anweisung mit einem Karacho durch den Tunnel fegte. Während manch andere selbst mit Leckerlis, die ihnen das Herrchen am Ende des Tunnels in Aussicht stellte, nicht dazu zu bewegen waren, auch nur eine Pfote dort hineinzusetzen.

Gerade merke ich, dass ich mich seit anderthalb Seiten über die großartigen Leistungen meines Weimaraners auslasse …
Okay, ich bin gleich fertig. In keinem Fall vergessen darf ich die Coolness, mit der Audrey schon als Welpe im gläsernen Aufzug meines bevorzugten Musikfachgeschäftes mitgefahren ist. Und wie mutig sie die Ganzglas-Wendeltreppe meines Laptop-Stores erklommen hat!

Ja, an Selbstbewusstsein mangelt es meiner kleinen Weimaranerin nicht! Wenn wir mit dem Mountainbike unterwegs sind, trabt sie mit einer Selbstverständlichkeit auf uns entgegenkommende Menschen zu. Nicht etwa, um vor ihnen zum Stehen zu kommen. Oh, nein, sondern um durch sie hindurchzulaufen! Für meinen grauen Geist scheinen diese Menschen nämlich Luft zu sein. Offenbar sind die Humans völlig beeindruckt von Audreys Selbstvertrauen, denn sie weichen! So ähnlich muss es ausgesehen haben, als sich seinerzeit das Meer teilte.

Natürlich habe ich auch den Blick auf die Defizite meines Hundes: Was zum Beispiel die Vorsicht vor und das Überqueren von Straßen angeht, ist Audrey genauso schippedoof wie ihre Mama. Da scheint der genetische Pfotenabdruck zu greifen …

Ach, da fällt mir ein: Ich habe ganz vergessen, zu erzählen, dass Audrey auf Kommando zwischen Bellen und Fiepsen differenzieren kann. Na, wenn DAS nicht schon zur Feinarbeit zu zählen ist.

Sie liebt mich, sie liebt mich nicht …

„Chip, Du bist ein Arschloch! Such Dir einen anderen Dosenöffner!“
Wie bitte? Das hatte meine sanfte, liebevolle Freundin Steffie, die alles für die beiden Racker tut, tatsächlich zu ihrem Chippie gesagt?
Wie konnte es nur so weit kommen, was war passiert?
Die Geschichte ist schnell erzählt: Steffie war, wie so oft, nach dem Job von ihrem Liebling und den beiden Hunden vom Bahnhof abgeholt worden. Und diesmal hatte Chippie sie nicht begrüßt, sie schlicht ignoriert. Steffie war außer sich!

Für dieses Gefühl der Enttäuschung habe ich vollstes Verständnis, ja, es ist mir bekannt. Zum ersten Mal hatte ich es, als mein Liebling mich, zusammen mit Lola, nach meiner Australien-Tour vom Flughafen abholte. Mit Flugzeugen im Bauch war ich aus dem Flieger gestiegen, so sehr freute ich mich Lola – äh, und natürlich auch meinen Liebling – wiederzusehen.

Für fünf Wochen Abwesenheit fiel die Begrüßung, zumindest seitens des Kaniden, recht dürftig aus. Noch schlimmer wurde es für mich auf der Autofahrt nach Hause: Madame durfte auf dem Beifahrersitz Platz nehmen – das war sie schließlich von den letzten Wochen gewohnt –, während ich im Fond des Wagens saß. Im Überschwang der Gefühle streichelte ich Lola ständig, was sie lediglich dazu veranlasste, meinem Liebling vielsagende Blicke zuzuwerfen. Vielleicht wollte sie mich mit ihrem Verhalten ja auch einfach nur ein bisschen leiden lassen und erziehen. Denn eigentlich war es ja eine Frechheit von mir, so lange weg zu sein und sie nicht mitzunehmen. Und jetzt rackerte ich mich ab und buhlte stundenlang um die Gunst eines Hundes! Okay, zumindest die fünfzig Kilometer bis nach Köln, dann war sie zum Glück wieder die Alte …

Mein eigener Hund steht seiner Mama in Sachen Liebesentzug übrigens kein bisschen nach. Wo sie das wohl her hat?
Den ganzen Tag über lässt Audrey sich von ihrem Frauchen ausführen, beköstigen und bespaßen. Aber sobald mein Liebling das Haus betritt, hat sie nur noch Augen für ihn! So sind sie halt, die (Hunde-)Frauen. Wie wäre es denn mal mit ein bisschen mehr weiblicher Solidarität?
Wenn wir diskutieren und unsere Stimmen im Eifer des Gefechts nur ein wenig lauter zu werden drohen, ist Audrey sofort hellwach und blickt mahnend von einem zum anderen. Gewöhnlich senken wir dann sofort unsere Stimmen und äußern unsere Meinungsverschiedenheiten flüsternd. Ganz so, wie es gute Eltern eben tun. Manchmal stelle ich mir dabei für einen kurzen Moment vor, was Audrey da wohl gerade so wahrnimmt. Und das bringt mich meist dazu, über mich selbst und über unseren lächerlichen Streit zu lachen. Mein Arbeitstier hat also noch einen weiteren Beruf: Mediator.

Sollte es aber tatsächlich einmal etwas heißer zugehen und der Konflikt nicht so leicht aus der Welt zu schaffen sein, stellt Audrey sich grundsätzlich vor meinen Liebling, so, als wolle sie ihn vor mir beschützen!
Immerhin spürt sie offenbar, dass ich die besseren Argumente habe. Aber selbst das ist mir in diesem Moment kein Trost. Denn Tatsache ist: Mein eigener Hund wechselt in diesem Moment die Seite.
Die Folge: Ich bin am Boden zerstört!

Es ist aber auch gemein: Da ist man so voller Gefühle für dieses Wesen, macht sich Sorgen, sobald es appetit- und lustlos oder das Häufchen nicht perfekt ist.
Und fühlt sich dabei manchmal wie die geduldete Assistentin, die 24/7 die Bedürfnisse des Vierbeiners befriedigt und mit ihm gemeinsam auf die wahren Highlights seines Hundelebens wartet: Nämlich darauf, die so sehr geliebten anderen Menschen zu treffen!

Dazu zählen, neben meinem Liebling, unter anderen meine Freundinnen Dana, Annabelle, Steffie und Ottos Herrchen Achim. Wenn Audrey auf diese Zweibeiner trifft, kann mein Weimaraner singen.
Und wie!
Während sie sich an die Beine der Genannten schmiegt und ausgiebig gestreichelt und wertgeschätzt wird, jault sie im Staccato. Man gewinnt den Eindruck, als wolle sie sämtliche Neuigkeiten, die es seit dem letzten Aufeinandertreffen gibt, sofort loswerden. Manchmal meine ich sogar ein vorwurfsvoll klagendes „Wie konntest Du mich nur so lange mit diesem durchgeknallten Frauchen alleine lassen?“ herauszuhören …

Mich hat mein Hund noch nie so überschwänglich begrüßt. Mein Liebling meint, das läge daran, dass ich ja fast immer um sie herum sei, in Audreys Augen also quasi ein Teil von ihr. Eben die Kumpanin.
Das kommt also davon, wenn man sich ständig mit seinem Hund umgibt. Und wer ist schuld? Die Pandemie!
Ich sehe aber auch wirklich keinen Sinn darin, meinen Hund allein zu lassen, wenn es nicht sein muss. Klar üben wir immer mal wieder den Ernstfall: Nach einem „Warte! Ich komm' gleich wieder." lasse ich die Haustüre hinter mir zufallen und hole etwas aus dem Auto. Nach spätestens fünf Minuten bin ich wieder da. Länger halte ich es nicht aus. Man muss es ja schließlich auch nicht übertreiben.

Dafür verstecke ich mich manchmal beim Spaziergang. Und freue mich insgeheim, wenn ich sehe, dass mein Weimaranerlein mich auch mal ein bisschen vermisst.

Letztens habe ich mich bei der Frage ertappt, ob Audrey sich wohl mich als Frauchen ausgesucht hätte, wenn sie die Wahl gehabt hätte?
Viele von Euch können das über sich und ihren Hund behaupten: Ihr Glücklichen! Wie Ihr wisst, gehöre ich nicht dazu: Audreys Schicksal war es, das einzige graue Mädchen im Wurf zu sein.
„JA, GEHT'S NOCH, SYLVIE? Du fragst Dich ernsthaft, ob Dein Hund wohl lieber gerne ein anderes Frauchen hätte? Bei Deinem Liebling kommst Du doch auch nicht auf den Gedanken, Dir diese Frage zu stellen!"

Und dann gibt es die Momente, in denen plötzlich aus der hintersten Kammer meines Gehirns ein noch verwegenerer Gedanke aufpoppt. Ich weiß genau, wie unsinnig die Frage ist und stelle sie mir trotzdem: „Liebt mein Hund mich überhaupt?"

Sind Hunde eigentlich generell in der Lage zu lieben?
Ich meine, wir alle kennen die Geschichten über Hunde, die monatelang am Grab ihres Frauchens gesessen haben. Oder am Bahnhof gewartet, wo das Herrchen täglich nach der Arbeit ankam – bevor es gestorben ist. Und das soll keine Liebe sein?
Die Frage, ob Hunde das empfinden können, was wir „Liebe" nennen, spaltet die Fachwelt.
Wobei: Liebe ist ja auch nicht gleich Liebe – wie schon die alten Griechen festgestellt haben. Sie unterschieden zwischen der erotischen Liebe *(Eros)*, der Liebe zwischen Familienmitgliedern *(Storge)* und der Liebe, die man bei Freundschaften entwickelt *(Philia)*.
Da für unsere Hunde die Familie ihr Rudel ist, greift hier wohl am ehesten die Storge.

Inzwischen gibt es wissenschaftliche Studien, die belegen, dass beim Hund ähnliche biologische Prozesse ablaufen wie bei einem Menschen, der liebt.
Einmal ist das schon genannte „Molekül der Liebe", das Hormon Oxytocin, das wir verliebten Menschen ausschütten, auch für die Liebe der Hunde mitverantwortlich. Interessant fand ich in diesem Zusammenhang, dass der Oxytocin-Schub bei Katzen nur ein Fünftel so groß ist wie bei Hunden[41]. – Leute, jetzt wundert mich gar nichts mehr!
Auch konnten identische Gehirnaktivitäten bei verliebten Menschen wie Hunden festgestellt werden.
Der Psychologie-Professor Clive Wynne liefert in seinem unglaublich spannenden Buch „Und wenn es doch Liebe ist?" weitere Beweise für die Liebesfähigkeit des Hundes aus den verschiedensten Forschungslaboren und Studien. Er konnte nachweisen, dass Hunde eine bestimmte Genveränderung haben, die

41 wie der amerikanische Neuroökonom Paul J. Zak in Studien herausfand.

bei Menschen zu dem sogenannten *Williams-Beuren-Syndrom* führt: Die Betroffenen zeichnen sich durch ein sehr offenes Sozialverhalten, Nahbarkeit, Hypersozialität und Fröhlichkeit aus. Also genau das, was unsere Kaniden uns im Normalfall Tag für Tag zeigen! Und wovon der Golden Retriever offensichtlich ganz besonders viel mitbekommen hat!

Sowieso gehen unsere Hunde – im Gegensatz zu uns Menschen – mit ihren Gefühlen regelrecht hausieren, wie Alexandra Horowitz[42] beschreibt. Wir Menschen können vertuschen, dass wir aufgeregt, sauer oder neugierig sind: Ein Hund nicht! Gut, wir können nicht sicher sein, ob wir die Gefühle des Hundes richtig interpretieren, denn wir stecken ja nicht in ihm drin und er kann es uns auch nicht bestätigen. Aber definitiv haben und zeigen Hunde Gefühle. Nur uns Besitzern gegenüber sind diese Wesen manchmal so verdammt gleichgültig. Und das, obwohl wir alles für sie tun!

Mein Liebling wollte mich letztens wohl trösten, als er sagte: „Was meinst Du, wie *die* sich freut, wenn Du, wie früher, mittags zum Auftritt fährst und spätabends heimkommst! Oder sogar für eine ganze Woche auf Tour gehst?!“ Dann fiel ihm wohl selbst ein, dass das nicht funktioniert, weil mein Hund ja Teil meiner Shows, also immer dabei ist. Außer eben in Australien …!?

Aber mein Liebling hatte noch einen Tipp für unsere Mensch-Hund-Bindung parat: „Leg ihr abends etwas ins Körbchen, was Du am Tag getragen hast.“ Jetzt wurde mir klar, warum ich täglich ein T-Shirt von meinem Liebling aus Audreys Hundebett fischte.

42 Alexandra Horowitz: „Gemischtes Doppel“, auch im Kynos-Verlag erschienen.

Und so kommt es, dass ich alle Register ziehe, um weiter an unserem Bonding zu arbeiten …
Gleichzeitig zupfe ich fleißig Gänseblümchen.

Vermenschlichung oder Respekt?

„Audrey, weißt Du, wen wir heute sehen?“
Die samtenen Öhrchen blähen sich auf wie zwei Vorsegel im Wind, die kleine Stirn legt sich in große Falten, der schöne Kopf droht vom kräftigen Hals zu fallen, so schief steht er plötzlich. Mein Hund kennt den Tonfall, in dem ich ihm jeden Tag wieder diese gleiche Frage stelle. Und jedes Mal freue ich mich über seine offensichtliche Aufregung und Vorfreude.
„Wir treffen heute Chippie & Benji!“
Prompt macht sich Audrey Richtung Hundegarderobe auf, um ihr Sonntagshalsband angelegt zu bekommen.
„Noch nicht, später“, kläre ich meinen abenteuerlustigen Hund auf.
Und denke: „Da konntest Du mal wieder nicht den Mund halten, Sylvie! Anstatt vor dem sonntäglichen Spaziergang mit Steffie und ihren beiden Rackern noch einen kleinen Nap einzulegen, geht das arme Tier jetzt zwei Stunden lang in Startposition.“
Gut, mein Timing stimmt manchmal nicht so ganz …

Aber grundsätzlich finde ich es wichtig und richtig, Audrey darüber aufzuklären, welche Highlights der jeweilige Tag für sie bereithält. Schließlich ist ein Hund eine Persönlichkeit, die man doch nicht künstlich dumm halten möchte. Und Vorfreude ist ja bekanntlich die schönste Freude.
Natürlich poppt in meinem Hinterkopf gleich wieder die Mahnung so mancher Hundespezialisten auf: „Der größte Fehler, den man im Zusammenleben mit einem Hund machen kann, ist, ihn zu vermenschlichen.“

Aber ist es schon vermenschlichen, wenn ich Audrey sage, wie ihr Tag aussehen wird?
Wenn ja: Mir doch egal!

Unser Tagesprogramm ist auch immer so angelegt, dass wir erst eine schöne Sache für mich machen und dann eine für Audrey. Oder umgekehrt. Jedenfalls kommen wir so beide auf unsere Kosten. Und sollte sie ungeduldig oder sogar mutzig[43] werden, wenn ich dran bin, nehme ich mir die Zeit und weise sie zurecht: „Audrey, wir waren eben eineinhalb Stunden mit dem Mountainbike um den See unterwegs. Zwischendurch haben wir immer wieder angehalten, Du hast jede Menge Hunde getroffen und mit ihnen gespielt. Jetzt bin ich dran! Und Du musst geduldig sein. Danach machen wir wieder was Schönes für Dich.“

Ja, geht's noch, Sylvie???
Du stehst vor Deinem Hund und referierst?
Du hast wohl den Knall nicht gehört!

Anyway: Ich nehme meinen kleinen Weimaraner halt ernst. Er soll wissen, wo die Tagesreise hingeht und stets über meine En-

43 = beleidigt (rheinische Umgangssprache)

tertainment-Pläne informiert sein. Das ist schließlich auch eine Frage des Respekts diesem schlauen Wesen gegenüber.
Gut, ich erzähle Audrey noch nicht von unserer geplanten, gemeinsamen Italienreise mit Übernachtung auf der Fähre. Es sind schließlich noch zwei Monate bis dahin, da könnte Audrey durcheinanderkommen.

Kind – Mama – Hund

Den Satz „Wie ein Hund!“ höre ich Mütter nie über ihr Kind sagen.
„Wie ein Kind!“ dagegen sagen viele Frauchen.
„STIMMT!“, meint auch meine Freundin Annabelle, die Mutter einer elfjährigen Tochter ist. Und die mein Leben, meine Freude mit und meine Sorgen um Lola und Audrey quasi von der ersten Stunde an mitverfolgt hat.
Von Annabelle weiß ich auch, dass sie sich ständig Sorgen macht, ihrer Tochter könne etwas zustossen. Ein Gefühl, das ich schon bei Lola, und erst recht bei Audrey sehr gut kennengelernt habe.
Genauso wie die Sorge, etwas falsch zu machen im Umgang mit meinem Hund und seiner Erziehung. „Bin ich ein gutes Frauchen?“ Auch Annabelle kennt diese Selbstzweifel und fragt sich: „Mach ich alles richtig als Mami?“

Ein Hund jedenfalls konfrontiert uns mit den gleichen Fragen und Aussagen wie ein Kind. Auch wenn er es in Hundesprache sagt:
„Ich muss mal Pipi!“
„Ich muss mal ein Häufchen!“
„Ich hab Hunger!“
„Ich hab Durst!“
„Mir ist langweilig!“
„Los, spiel mit mir!“
„Ich bin müde.“
„Ich will aber nicht!“
„Wann sind wir endlich da?“

Die Besserwisser auf dem Spielplatz ähneln wahrscheinlich denen auf der Hundewiese. Hier werden ungefragt Ratschläge erteilt und Tipps rausgehauen. Ähnlich geht es in Foren im Netz zu, die sich um Kinder- und Hundethemen drehen. Da werden Eltern und Hundehalter gebasht:

„Also, meine Tochter bekommt nur Möhren aus dem Bioladen oder vom Bauernhof.“

„Also, ICH barfe. Das entspricht der Natur des Hundes am ehesten.“

„Was, Dein Baby darf bei Dir im Bett schlafen?“

„Was, Dein Hund darf bei Dir im Bett schlafen?“

„Wie, Du stillst immer noch?“

„Wie, der bekommt immer noch Welpenfutter?“

„Oh, mein Gott, Du gibst Deinem Kind Schokolade? Apfelstückchen sind doch viel besser!“

„Oh, mein Gott, Du machst Deinem Hund morgens ein Leberwurst-Brot? Apfelstückchen sind doch viel besser!“

„Lass Dein Baby mal schreien."

„Der muss auch mal allein bleiben können."

„Ich denke Du verwöhnst Dein Kind zu sehr…"

„Du bist aber großzügig mit Leckerlis…"

„Ich finde Du solltest Dich wirklich mehr um Deine Kinder kümmern."

„Einen Hund in der Huta abgeben kann jeder."

Manchmal sind die Tipps vom Spielplatz und von der Hundewiese aber auch sehr hilfreich:
Audrey zum Beispiel hatte eine Weile weiße Pöckchen im Nacken. Bis ich den Tipp bekam, sie nach dem Duschen nicht gegen den Strich trocken zu rubbeln. Von nun an wurde der Hund nur noch in Fellrichtung abgewischt. War doch eigentlich auch logisch: Wenn man eine gläserne Duschkabine hat, bewegt man den Wasserabzieher schließlich auch nur in Laufrichtung. Und, siehe da: Nach einer Woche waren Audreys Pöckchen weg!

„Kommt, Kinder!"
Diese Aufforderung hört man nicht nur von Müttern, sondern auch von manchen Frauchen.
Und wenn ich hundeaffinen Menschen erzähle, dass mein Programm und mein Buch „Das letzte Kind trägt Fell" heißen, sagen die meisten: „Das ist sooo wahr!"
Während andere, die mit Kaniden nichts anzufangen wissen, dagegen halten: „Man kann einen Hund doch nicht mit einem Kind vergleichen!"
Aber *psssssssst*, wir sind ja hier unter uns. Quasi die *Doglover Community*. Und deshalb gucken wir jetzt einfach nochmal genau hin, was gleich ist und was anders.

Wenn wir ganz von vorne anfangen, haben wir erst einmal einen Unterschied:
Als Frauchen kannst Du Dir nämlich aussuchen, ob Du ein Mädchen oder einen Jungen bekommst und Dich für den stärksten im Wurf entscheiden. Den Hund musst Du auch nicht auf die Welt bringen, sondern nur irgendwo abholen, das Wochenbett bleibt Dir genauso erspart wie die Schmerzen bei der Geburt. Außerdem hast Du mit Hund bessere Chancen Deine Figur zu halten als mit Kind. Okay, bei meinem Bäuchlein könnte man auch locker ein süßes Geheimnis vermuten... Respekt, Ihr Mädels, die Ihr kurz nach der Geburt schon wieder in Topform seid. Wie macht Ihr das???

Jetzt aber definitiv zu einer Parallele: Beide bringen uns um den Schlaf, ob Schreikind und nicht stubenreiner Welpe oder krankes Kind und frierender Hund. Spätestens dann wissen wir, warum Schlafentzug als Foltermethode gilt.
Beide machen zudem nach dem Essen verlässlich Bäuerchen und bei beiden hilft es, ihre Bäuchleins im Kreis zu massieren, wenn sie einen Schlicks haben. Ach ja, und natürlich können beide im Café im Strahl kotzen!
Wir organisieren für beide Playdate-Verabredungen auf dem Spielplatz und auf der Hundewiese und wenn wir morgens Hausputz machen, ist es nachmittags wieder unordentlich und schmutzig, ob nun mit Kind oder Hund. Die Zeiten von Karl, Hugo und Gianni sind in beiden Fällen vorbei. Jetzt heißt es Sneakers statt Louboutin und Doggy- statt Kelly Bag. Und rotlackierte Fingernägel werden zur unsinnigsten Angelegenheit der Welt.
Unsere Prioritäten verschieben sich halt: Anstatt über Innenpolitik reden wir über die Konsistenz von Häufchen. Dabei geraten die einen in Panik, wenn ihnen beim Spaziergang eine leise

Stimme zuflüstert: „Mami, ich muss groß." Die anderen zücken verzückt den Gassibeutel.
Eine weitere Gemeinsamkeit: Wir wollen alles perfekt machen mit unseren Zöglingen. Sie sollen optimal ernährt, erzogen und ausgelastet sein und werden bestmöglich gefördert. Die einen bei Fremdsprachen-Frühförderung und musikalischer Früherziehung, die anderen bei Agility, Mantrailing und Obedience. Wir bringen sie erfolgreich durchs Abitur und die Hundeausbildung, sind stolz auf sie und identifizieren uns mit ihrem Erfolg: Ob es nun um die Hauptrolle in der Schultheater-Aufführung geht oder den ersten Platz bei der Dackel-Schau.
Dann das Thema Reisen: Wenn wir mit schulpflichtigen Kindern verreisen, müssen wir uns bei der Planung definitiv nach den gesetzlichen Schulferien richten. Bei Hündinnen bringt höchstens ihre Läufigkeit unsere Reiseplanung durcheinander.
Und wie sieht es mit den Kosten aus?
Ich habe gelesen, dass ein Kind bis zur Volljährigkeit im Schnitt 150.000 Euro kostet. Ein Hund kostet „so viel wie ein Kleinwagen"[44]. Von wegen! Schon nach eineinhalb Jahren könnte ich mir von dem Geld, das ich für meinen Hund ausgegeben habe, eine Limousine kaufen. Aber wer will schon eine Limousine?!
Und schon haben wir wieder einen Unterschied: Für die einen zahlst Du Hundesteuer, für die anderen kriegst Du Kindergeld!
Tatsache ist auch, dass Kids ständig aus allem herauswachsen: Von den T-Shirts über die Jeans bis hin zu den Ballettschläppchen und Hockeyschuhen. Hunde sind schneller ausgewachsen und ihr Halsband passt ihnen ein Leben lang. Oder sagen wir besser: Es würde passen, wenn es nicht längst kaputt gebissen wäre.
Der Hund kann sich auch nicht selbst anziehen. Kinder können es, zumindest ab einem bestimmten Alter. Was angezogen wird, kann man beim Hund immerhin ein Leben lang selbst entscheiden …

44 Zitat einer Bekannten, die mir vor der Anschaffung von Audrey ins Gewissen geredet hat.

Und hier noch zwei Parallelen:
Beide kommen garantiert immer zum falschen Zeitpunkt ins Schlafzimmer.
Und: Vorsicht, wenn es plötzlich ganz still ist im Haus! Denn dann können wir sicher sein, dass sie gerade wieder was anstellen!

Ich als eine Frau, die nie einen Kreißsaal von innen gesehen hat – Kinder waren für mich nie ein Thema – kann nur erahnen, was Mamis so leisten. Noch dazu, wenn sie das *„Bermudadreieck“*[45] Kind – Haushalt – Beruf koordinieren.
Aber es gibt noch eine Steigerung: Die Multitasking-Mamis, die zusätzlich noch einen Hund zuhause haben! Oder gar ein Baby plus einen Welpen! Respekt Mädels, wie schafft man *das* denn? Während Du am Wickeltisch stehst, macht der Minihund ein Bächlein aufs Parkett, während Du stillst, erkundet der tierische Neuzugang die Steckdosen im Haus und während das Baby endlich schläft, entdeckt der Welpe plötzlich das Bellen als probates Ausdrucksmittel. Und auf dem Weg zur Hundewiese – denn der Spielplatz ist ja tabu – hörst Du dann gleich doppelt: „Genießen Sie es! Die werden soooo schnell groß!“
Mmmmmmh …
Also, was Kids angeht, kann ich da ja nicht mitreden. Aber eines ist sicher: Ich genieße meine „erwachsene“ Audrey mindestens genauso sehr wie die Zeit, als sie gerade zum neuen Familienmitglied wurde. Es war, ist und bleibt hoffentlich ganz lange ein Riesenspaß, die Welt mit ihr immer wieder neu zu entdecken!

45 So nennt es die Kuratoriumsvorsitzende des Müttergenesungswerkes Dagmar Ziegler.

Unglück im Glück

Ihr ahnt vielleicht schon, warum ich dieses Kapitel so genannt habe…

Weil wir alle, die wir einen Hund in unser Leben lassen, wissen, dass wir in vorhersehbarer Zeit kreuzunglücklich sein werden. Nämlich dann, wenn sich unser vierbeiniger Liebling auf seine Reise in den Hundehimmel begibt.

Eine Fachzeitschrift, die über mein neues Hundekabarett berichtet hat, stellte mir für ihre aktuelle Ausgabe vier Fragen, eine davon lautete: „Wenn Du einen Wunsch frei hättest…" Meine Antwort darauf: „Ich würde mir wünschen, dass Hunde länger als ein bis zwei Dekaden mit uns leben können."

Die Herrchen kleiner Hunde sind hier bekanntlich im Vorteil, denn große Hunde werden statistisch gesehen nicht so alt wie kleine. Es gilt also quasi: „Je länger die Beine, desto kürzer das Leben." Mein Problem: Ich habe nun mal eine Schwäche für Langbeinige. Sonst hätte ich mir auch einen Papagei zulegen können, der hätte mich wohl definitiv überlebt[46].

46 Wusstet Ihr, dass Papageien 100 Jahre alt werden können?

Sicherlich geht es vielen von Euch wie mir: Eigentlich will ich gar nicht daran denken, dass das Tandem, das ich mit meinem Hund bilde, irgendwann einmal auseinandergerissen wird. Den Gedanken an den Abschied von Audrey – zumindest von diesem Planeten – zu verdrängen ist für mich reiner Selbstschutz. Wenn ich allein darüber nachdenke, wie schnell nicht nur ich Audrey vermisse, wenn sie mal nicht an meiner Seite ist! Letztens zum Beispiel hat mein Liebling sie mit ins Büro genommen, während ich mit Dana und Annabelle walken ging. Normalerweise ist Audrey da immer mit von der Partie. Mit dem Ergebnis, dass sie uns dreien total gefehlt hat. Das Team war einfach nicht vollständig.
Oder wenn ich an die Situation denke, als ich Audrey beim Tierarzt abgeben musste, weil sie für eine Untersuchung in Narkose gesetzt wurde. Ach Gottchen, was war ich nervös! Als mein Mädchen schließlich freudig schwankend auf mich zugelaufen kam, kullerten die Tränchen nur so.

Bei den vielen Mensch-Hund-Begegnungen, die man als Frauchen tagein, tagaus so hat, kommt das Thema Endlichkeit natürlich immer wieder zur Sprache und es ist sehr interessant zu hören, was andere so tun, um mit dem Schmerz klarzukommen:

Da gibt es diejenigen, die sagen: „Nie wieder einen Hund! Das war ein solches Drama zum Schluss.“ (Wenn ich das höre, muss ich gleich daran denken, dass ich mir ursprünglich einmal vorgenommen hatte, erst mit 75 wieder einen eigenen Hund anzuschaffen. In der Hoffnung, dass das Timing dann stimmt…).

Andere schaffen erst nach einer für sie angemessenen Trauerzeit einen neuen Hund an.

Wieder andere holen sich die Fröhlichkeit, die ein junger Hund verbreitet, baldmöglichst wieder ins Haus. Manche geben dem neuen Familienmitglied sogar den gleichen Namen wie seinem Vorgänger. Diesen Menschen hilft es offenbar in ihrer Trauer, sich gleich wieder ins Hunde-Abenteuer zu stürzen: Bei einer bekannten Fernsehmoderatorin beispielsweise gehört der Rauhaardackel seit Jahrzehnten zur Familie – weshalb es notgedrungen immer mal wieder ein anderer sein muss.

Ein weiterer Weg ist für manche, sich einen Zweithund dazu zu holen. Allerdings kann es Dir dann passieren, dass es Dich beim Spaziergang zerreißt…

Hundefriedhöfe werden immer populärer und es gibt sie auch schon sehr lange: im Nordwesten von Paris beispielsweise wurde bereits 1899 ein „Friedhof für Hunde und andere Haustiere" eröffnet. Dort liegt unter anderem Hollywood-Hund Rin Tin Tin begraben.

Mops Sir Henrys Asche steht in einer Urne neben Frauchens Bett und soll später, zusammen mit ihrer Asche, über der Nordsee verstreut werden. Wahrscheinlich begleitet von dem Song „Scharfe Möpse".
Alternativ kann man sich aus der Asche seines Hundes natürlich auch einen Erinnerungsdiamanten anfertigen lassen. Mmmmh, das würde natürlich zu einem Hund, dessen Namen man mit „Frühstück bei Tiffany" verbindet, passen…

Okay, okay, Leute, Ihr kennt mich mittlerweile gut genug, mir nicht mehr zu glauben, dass ich das machen würde!

Es gibt Menschen, die ihre emotionale Verbundenheit mit ihrem Haustier zeigen, indem sie es präparieren lassen, um es sich dann beispielsweise „schlafend“ ins Hundekörbchen zu legen. Tja – da halt ich's mit Preußenkönig Friedrich II: „Jeder soll nach seiner Fasson selig werden.“
Jedenfalls sollte das Tier für eine solche Dermoplastik sofort nach dem Tod eingefroren werden. Genauso wie für das Klonen. (Ja, Ihr Lieben, so allmählich kommen wir nun doch zu der Kategorie „pervertierte Hundeliebe“)!

Auch die von mir eigentlich sehr geschätzte Künstlerin Barbra Streisand hat ihren Hund klonen lassen – zur Sicherheit gleich doppelt.

In Südkorea gibt es seit 2006 die erste solcher „Haustierfabriken“, die alle Hände voll zu tun haben, das geliebte Haustier genetisch „nachzuproduzieren“[47]. Um im Gegenzug 50.000 – 100.000 Dollar zu kassieren.
Mit den Arbeitsschritten, die für das Klonen von Tieren nötig sind, könnte man übrigens auch Menschen klonen. Da freut es mich, der Regenbogenpresse zu entnehmen, dass Melanie Trump nicht mehr so versessen auf ihren Ehemann ist, seitdem der nicht mehr Häuptling der USA ist. Denn stellt Euch mal vor, sie käme eines Tages auf die Idee, ihren Donald zu klonen!

Für alle, für die das Klonen eine Option wäre, denen aber das nötige Kleingeld fehlt, ist der Pfotenabdruck in Gips vielleicht eine Lösung. Oder, noch besser: der Nasenabdruck! Denn die Nase des Hundes ist genauso einzigartig wie unser Fingerabdruck.

So! Wahrscheinlich habt Ihr gemerkt, dass ich mithilfe meiner Recherche zum Thema „Umgang mit dem Tod des Hundes“ von meiner eigenen Betroffenheit ablenke …
Ooooookay:

- Für mich ist es ein Trost, als Hundebesitzer mitentscheiden zu dürfen, dass mein Hund am Ende seines Lebens nicht leiden muss.

- Letztens hat mir ein Frauchen erzählt, die Tierärztin sei zu ihr nach Hause gekommen und ihr Hund sei friedlich in seinem Körbchen eingeschlafen – eine sehr traurige, aber gleichzeitig sehr tröstliche Vorstellung.

47 Nachzulesen in der Zeitschrift Geo, Ausgabe 02/2017

- Soweit ich es bisher beobachtet habe, haben Hunde, die ihr „Leben zu Ende gelebt" haben, kein Problem damit, zu gehen (mir kommt es manchmal eher so vor, als blieben manche nur noch ihrem Frauchen oder Herrchen zuliebe).

- Durch mein Tier lerne ich, den Schmerz zu üben, mich mit dem Tod, der zum Leben dazugehört, auseinanderzusetzen.

  Auch wenn ich mich im konkreten Fall wohl beschummeln werde, indem ich mir vorstelle, dass mein Hund „einfach weggezogen" ist (wie ein Kind, das nach Australien ausgewandert ist).

  Das Wissen darum, dass das Leben meines Hundes noch endlicher ist als meines, lässt mich jeden Augenblick mit Audrey noch mehr genießen und glücklich darüber sein, dass sie noch so jung ist. Sie bringt mich ins Hier und Jetzt, in „the very, very moment": Sie ist *jetzt* da, wir machen uns gegenseitig Freude.

  Und weil Du gerade gefressen hast, mein süßer Weimaraner, rollst Du Dich auf den Rücken, wischst Dir mit den Pfoten die Schnauze ab, damit Du anschließend die Essensreste von Deinen Pfoten ablecken kannst. Mein kleiner, schöner, verfressener Genießer! Du bist so quietschlebendig, so voller Lebensfreude und lachst mich an! Komm, lass uns weiter gegenseitig unsere Welt auf den Kopf stellen!

Ende

Die Idee zu diesem Buch

Januar 2021

„Sie können doch so gut schreiben! Wieso schreiben Sie nicht ein Buch?"
Diese Sätze meiner Frauenärztin erreichen mich in recht exponierter Lage … Denn gerade bin ich zur jährlichen Vorsorgeuntersuchung in ihrer Praxis. Und wie immer sind unsere Gespräche nicht nur rein medizinischer Natur.
„Aber damit habe ich, zumindest kurzfristig, auch keine regelmäßigen Einkünfte", entgegne ich. Das sieht meine Frau Doktor ein und, weil ihr für den Moment keine weitere Jobidee für mich einfällt, wechseln wir das Thema und reden über unsere Vierbeiner. Ich erzähle ihr von einer sehr sympathischen Hundetrainerin, die ich vor kurzem im Park kennengelernt habe. Sie hat sich aufgrund steigender Nachfrage auf die Ausbildung von „Golfbegleithunden" spezialisiert. Und das wiederum ist interessant für meine golfbegeisterte Ärztin, die eine zuckersüße

Mini-Rauhaardackel-Dame namens Molly ihr Eigen nennt. Mit einem verschmitzten Lächeln verrät sie mir, dass sie ihr kleines Hundchen auch schon mal in einer Tasche auf den Golfplatz geschmuggelt hat. Aufgefallen war es niemandem.

Die Worte meiner Ärztin bezüglich des Buches klingen in mir nach …
Natürlich habe ich immer mal wieder darüber nachgedacht, unter die Buchautorinnen zu gehen. Schon Anfang der 2000er hatte ich sogar damit begonnen, einen Roman zu schreiben. Ich war allerdings nicht über die ersten vierzig Seiten hinausgekommen. Denn, um ein Buch zu schreiben, braucht man Zeit. Und die blieb nie übrig, es gab einfach immer zu viel zu tun in meinem, eh schon vielfältigen Künstlerinnen-Leben.
Bis mit der Pandemie die Zeit der Zeit kam.
Aber war ich wirklich in der Lage, ein ganzes Buch zu schreiben? Wie lang wäre ein Buch, dass ich schreiben möchte? Ich schaue in meinem Bücherregal nach, welche Buchstärke mich in meinem Genre am meisten anspricht: Es sind Bücher mit einem Umfang von um die 200 Seiten.
Ein Bühnenprogramm von 90 Minuten hat bei mir – inklusive Liedtexten – circa 40 Seiten. Also müssten mir quasi fünfmal so viele gute Ideen kommen …
Zwei Tage nach meinem Arztbesuch steht mein Entschluss fest und ich singe es heraus: „Wenn nicht jetzt, wann dann[48]?“ Ja, ich schreibe das Buch zur Show!

Komisch – wieder musste ich genau zwei Mal drüber schlafen, bevor ich mich für oder gegen etwas entscheiden konnte …
Genauso war es, als ich Ende der 80er Jahre exakt zwei Tage lang über eine Schönheits-OP nachgedacht hatte. Der Hinter-

48 Titel eines Songs der kölschen Band „Höhner“.

grund: Ich wollte TV-Moderatorin werden und hatte mich zu diesem Zweck bei einer Münchner Agentur vorgestellt. Nach dem Casting sagte die Agentin zu mir: „Also, i würd' Sie wiiiirklich gern in uuuuunsre Agentuuuur aufnehmen. Und i bin siiicher, dass i Sie in die Moderatiooon vermiiiitteln werd'. Unter EIIIINER Bedingung: Sie müssten sich, bittschön, die Naaaaase operieren lassen. Hier hom's die Visitenkarte von Herrn Dr. A. aus D., denken's drüber nach!"
Das habe ich getan.
Genau zwei Tage.
Dann stand fest: Ich will es mit *meiner* Nase schaffen. Der Rest ist (meine) Geschichte.

Dieses Buch zu schreiben hat mir ungemein geholfen, meinen Weg aus der Krise zu finden. Ein Kreativitätsventil zu haben in dieser Zeit, in der alles, was ich vorher beruflich gemacht habe, plötzlich verboten war. Zumindest in der Form, in der ich es weiter machen wollte: Mit Menschen, die ich spüre, fühle, deren Kommentare und Lachen ich höre. Analog. Das ist Theater. Das ist Bühne. Das ist das, was ich liebe. Fernsehen habe ich ein ganzes Jahrzehnt lang wöchentlich gemacht: Ich habe gesehen, wie das kleine rote Licht an der Kamera aufleuchtete, und ich wusste: Jetzt schauen mir ganz viele Menschen zu. Das war ein schönes Gefühl, ich gebe zu, es hat mich damals stolz gemacht, einen TV-Sender wie den WDR repräsentieren zu dürfen.
Aber es ist nicht zu vergleichen mit dem unmittelbaren Gefühl, sein Publikum bei sich zu haben, es zu spüren, es atmen und losprusten zu hören. Und zwar eins zu eins.

Zum Schluss: Dieses Buch hätte in der Form nie entstehen können, wenn ich mich nicht für dieses zauberhafte Wesen entschieden hätte, das mir Ablenkung, Arbeit, Freude, Verschwendertum und Inspiration in einem ist: mein kleines, graues Mädchen.

Danke

Oh ja, ich möchte mich bei ganz vielen, hinreißenden Zwei- und Vierbeinern für ihre Unterstützung bedanken:
Andrea für die liebevolle Betreuung meines grauen Mädchens in seinen ersten drei Lebensmonaten, Angelika für die kreativen Marketing-Ideen, Astrid für das immer offene Ohr und die wertvollen Anregungen, Audrey für die Fulltime-Inspiration und die unbändige und ansteckende Lebensfreude, Brien für die schnelle Hilfe bei den böhmischen Juristen-Dörfern, Carla Berling für die vielen kollegialen Tipps für mich als Autoren-Greenhorn, Clemens für die wunderbare Idee, Illustrationen zur Show anfertigen zu lassen, Diane für das beständige Mut machen und aufmerksame Zuhören, Dorothea Willems für den Floh, den sie mir ins Ohr gesetzt hat, Gisela Rau für das Vertrauen in mich und die schöne, harmonische Zusammenarbeit, Guido für die spontane Hilfe im Vertragsdschungel, Jacqueline für die kostbare Freundschaft und das weltbeste Frühstück, Leo für die phantasiereiche und flexible Umsetzung meiner Illustrations-Ideen, meinem Liebling für den Glauben an mich und die

umwerfendste Spaghetti Frutti di Mare der Welt, Luca für den Beginn meiner Weimaraner-Liebe, Lucia für das kritische Lesen und feinfühlige, konstruktive Feedback, Lola für die Idee zu meiner Show und die wunderschönen Stunden voller Spaß und Gassibeutel, Mary für das dreitägige Shooting und die genialen Pressefotos, Mirja für das kollegiale „Steigbügel halten", Nicole Hilgers für die einfühlsame Realisation des Layouts, Rosa für das inspirierende Gespräch über mein schwierigstes Buchkapitel, Steffie für den unermüdlichen Rat aus der Frauchen-Perspektive und den liebevollen, motivierenden Umgang mit meinen Einfällen, Tanja für den wertvollen und achtsamen Blick „von außen", Tillmann für die unermüdliche Hilfe beim Feilen und die stets ermunternden Mails und schließlich Yvonne für die bezaubernde Grafik meines Titelbilds.

Literaturverzeichnis

Bekoff, Marc: Why Dogs Hump and Bees Get Depressed: The Fascinating Science of Animal Intelligence, Emotions, Friendship, and Conservation. New World Library.

Juliane Bräuer, Juliane Kaminski: Was Hunde wissen

Gallup, Gordon G. (1977). „Self recognition in primates: A comparative approach to the bidirectional properties of consciousness“. American Psychologist. 32 (5): 329–338

Horowitz, Alexandra: Gemischtes Doppel. Kynos Verlag

Wynne, Clive: … Und wenn es doch Liebe ist? Kynos Verlag